〔美〕雅顿·摩尔 著 牟超 译

图解 狗狗行为

100 种姿势／表情／声音的解读

南海出版公司

2020·海口

破解不同体形、年龄和品种的狗狗所展示的

100 种姿势、表情、声音和动作行为。

帮助你更了解狗狗，合理回应，

使狗狗建立良好行为。

图书在版编目（CIP）数据

图解狗狗行为：100种姿势/表情/声音的解读/
（美）雅顿·摩尔著；牟超译. -- 海口：南海出版公司，
2020.9（2023.12重印）

ISBN 978-7-5442-9640-3

Ⅰ.①图… Ⅱ.①雅…②牟… Ⅲ.①犬—动物行为
—图解 Ⅳ.①S829.2-64

中国版本图书馆CIP数据核字(2019)第161892号

著作权合同登记号　图字：30-2020-002

TUJIE GOUGOU XINGWEI: 100 ZHONG ZISHI / BIAOQING / SHENGYIN DE JIEDU

图解狗狗行为：100种姿势／表情／声音的解读

策划制作：北京书锦缘咨询有限公司
总　策　划：陈　庆
策　　　划：宁月玲

作　　者：〔美〕雅顿·摩尔
译　　者：牟　超
责任编辑：张　媛
排版设计：王　青
出版发行：南海出版公司 电话：（0898）66568511（出版）　（0898）65350227（发行）
社　　址：海南省海口市海秀中路51号星华大厦五楼　邮编：570206
电子信箱：nhpublishing@163.com
经　　销：新华书店
印　　刷：北京利丰雅高长城印刷有限公司
开　　本：889毫米×1194毫米　　1/32
印　　张：6
字　　数：242千
版　　次：2020年9月第1版　　2023年12月第2次印刷
书　　号：ISBN 978-7-5442-9640-3
定　　价：58.00元

目 录

序

本书为读者和爱犬之间建立贴心健康的关系提供了坚实的理论基础。这种关系建立在坦诚、清晰的交流上，包括传达意图、接受信息并做出相应回应。对动物行为的精准解读在狗狗和人的交流中至关重要。本书并没有回避这样一个事实：狗狗和人类共同生活在这一社会，它们必须遵守特定的等级规则，才能维持平和的生活。同时，本书也没有过分夸大或强调主人与宠物之间关系的重要性。

全书描述了狗狗的肢体语言和各种声音，并根据环境提供各种阐释。这就是这本书的巨大价值：强调对宠物各种行为进行关注，从而鼓励读者停下来观察、倾听爱犬试图在和他们讲些什么。纯粹的交流总是包括开诚布公的分享和信息接收，这一点对人和宠物来说都很重要。坦诚的沟通是一门艺术、一门科学，是一切美好的、有意义的关系的基础。

作为一名动物行为顾问，我的首要工作就是教人们了解动物的想法，并解释宠物为什么会有这种行为，其次就是教人们对新情境和行为问题进行评估，并采取相应的行动，使宠物感到更安全、更满足。这些技巧具有极高的价值，怎么评说都不为过。

我第一次见到雅顿·摩尔是在十二年前，当时我是马萨诸塞州塔夫茨大学兽医学院动物行为诊所的教员。她很有见地，也善于与人交流，那时她就决心向世人传播关于护理狗和猫的知识。初次见面她就给我留下了深刻印象。塔夫茨大学下属学院曾在全国发行一本名为《猫》的月刊，雅顿·摩尔曾担任《猫》的编辑。而且，她还是塔夫茨大学的犬类出版物《您的爱犬》的定期撰稿人。在这两本出版物发行期间，我们曾通力合作，确保两本刊物的读者能接收到最佳的兽医建议和行为建议。

现在雅顿已经成为畅销书作家、动物行为顾问、电台节目主持人、最受欢迎的专业演讲人、获得认证的宠物急救指导。她如何观察和理解动物行为，将用精妙的写作手法呈现在字里行间。相信她的作品会成为人们和宠物之间沟通的桥梁。

爱丽丝·穆恩—法内利博士
动物行为顾问

前言

　　很高兴和两位成员一起来分享我的家庭生活。她们是这个家的主角，非常好的交流者——一对被救回来的杂种犬，奇珀和克里奥。虽然我才是那个毕业于印第安纳州珀杜大学传播学专业的人，但奇珀和克里奥却更善于沟通。它们总能巧妙地表达自己的需求，很少犯沟通上的错误。

　　它们的"谈话"总是十分清晰连贯，不管是与我交流，还是它们彼此之间交流，还是和它们的狗狗朋友，甚至在和它们的猫咪室友泽基和墨菲交流时也是如此。通常情况下，我的狗狗不需要发出一点儿声音就能表达它们的意思。它们通过身体姿势、尾巴位置、尾巴摆动、眼神、表情、动作等来传达信息。当奇珀转动它的头，猛地咬空气，然后扑通一声一屁股坐下的时候，我知道它已经准备好进行一场友好的拔河比赛了。当克里奥开始喘着粗气，并跳到我怀里的时候，我知道它需要到外面小便。

　　纵观我的职业生涯，于沟通艺术而言，一直以来我既是一位老师，也是一名学生。在过去的二十年，作为记者和编辑，我一直为工作忙碌。这样一份职业让我学会少说话，多倾听，仔细观察肢体语言，让我能够看透别人是在说真话，还是有所隐瞒抑或在矫饰事实。

　　在过去的十几年，我把工作重心转移到对宠物与人之间交流的研究和阐释上。作为

一名动物行为顾问、宠物生活广播节目的主持人、二十四本宠物书籍的作者，我的目标是减少宠物与人之间的交流分歧，让每个人都能享受更和谐的家庭生活。我创建了一个在线宠物社区——"四条腿的生活"，帮助人们学会关爱、了解他们的宠物，让他们的生活因宠物充满欢笑。

　　狗狗们在尽力将自己的暗示传递给我们，但有时候我们会误解它们传达的信号。当狗狗把厨房地板弄得到处都是干狗粮，我们可能会很草率地指责它吃东西又挑剔又邋遢，但真正的原因可能是它正在忍受一种未经诊断的口腔疼痛，有可能是牙疼，也有可能是牙龈发炎。当快递员靠近时，狗狗会发出"汪汪汪"的叫声以示警告，当它纯粹觉得无聊，希望玩游戏时，也会发出"汪汪汪"的叫声，但我们可能无法准确分辨出这两种声音。

　　你所需要的帮助来了！本书为你提供了一份指南，为你破解不同体形、年龄和品种的狗所展示的 100 种姿势、表情、声音和动作行为。翻阅本书不仅能让你了解为什么狗狗会有那样的行为、发出那样的声音，还教你如何回应，让自己的爱犬收获健康与喜悦。

　　所以，把狗狗叫过来，一起翻阅这本书吧。现在就开始你们之间清晰无误的交流吧！

雅顿·摩尔

1 畏缩

- 当一个高大的男人迎面走来，用洪亮的声音跟你和你的狗狗打招呼时，你的大丹犬会蜷缩得像比格犬那么大。
- 你的狗狗躲进角落，将身体伏得很低，尽力使自己不被人发现。
- 当附近公园里的狗霸主跑过来嗅你的狗狗时，你的狗狗会将身体缩得超级小。
- 啊，恐惧感已经潜入了它的身体，让它不由自主地颤抖。

品种

- 比格犬
- 查理士王小猎犬
- 可卡犬
- 大丹犬
- 日本狆
- 马尔济斯犬
- 迷你杜宾犬
- 蝴蝶犬
- 博美犬

❓ 狗狗为什么会这样

　　顺从的狗狗会被人毫不犹豫地贴上"懦夫"的标签，就差在背上张贴"咬我"的标志了。它们故意把身体缩得很小，表示它们愿意和平相处，绝对不会对他人构成威胁。对狗狗来说，这个行为无异于高举投降的白旗。

　　有些狗狗会畏缩，是因为它们曾经受过虐待。这些狗狗为了保护自己，会变得偷偷摸摸、蹑手蹑脚，乞求自己不要被发现，不要被伤害。

　　当小狗崽遇到自信的成年狗时，也会缩起身体以示尊敬。

兽医笔记

　　狗狗可能经历了极度的焦虑或恐惧，它的恐惧感不是靠一些和善行为就能得到缓解和改善的，可能需要具有镇静作用的处方药，同时再加上行为矫正训练，从而使它们变得平静，获得安全感。

　　有些狗狗会畏缩，是因为受过虐待。这样的狗狗应该由兽医做一次全面的身体检查，确认身体是否受伤。

✅ 你该怎么做

　　老虎伏下身体是准备扑向猎物，而狗狗伏下身体却不是这样。它们需要信心的提升。可以在初次见面时给它们一些时间和空间。当你看到一只狗狗身体蹲伏得很低，也许还会用舌头舔嘴唇，并避免眼神接触，安静地坐在距离你几米远的椅子或地板上时，请用平静、愉快的语气说话，避免使用快速、夸张的手势。

　　给狗狗一些时间，让它从头到脚观察、熟悉你，时间长短由它决定。试着向它扔些好吃的东西。如果它靠近你，那么允许它用鼻子嗅你。不要贸然伸手摸它的头，因为狗狗可能会认为这是个威胁性动作，出于恐惧，它很可能会攻击你。

　　对于畏缩的狗狗，需要培养它们的社交技能。不要强迫它们在附近的狗狗公园和一群陌生的狗狗见面，最好在一个有围栏的院子里，安排它与一只有良好社交行为的狗狗（如治疗犬）游玩、约会，一对一、一点点地开展安全互动。

行为类型：焦虑 / 压力 p179、害怕 p182、顺从 p185

2 露出肚皮

- 你的狗狗看起来就像一张毛茸茸的、倒过来的咖啡桌，举起的四条腿在空中摇晃。
- 躺在地上保持平衡，你的狗狗获得了一个观察每个人或每样东西的独特视角。
- 你的狗狗会在眨眼间就翻个身，迅速得就像翻热锅上的煎饼一样。

品种

- 可卡犬
- 金毛寻回犬
- 拉布拉多寻回犬

❓ 狗狗为什么会这样

大多数情况下，狗狗采取这样的姿势是为了获取关爱和关注。又或许身体上有一些够不到的瘙痒处，用这样的姿势可缓解瘙痒。它们在向你展露柔软的眼神和放松的身体。

然而，在你弯下身爱抚它的肚子之前，最好先整体观察一下狗狗。一些狡猾的狗狗会用这种肚皮朝上的姿势引诱毫无戒心的对象，然后冲着它们吠叫，甚至发起攻击。如果有些狗狗身体是绷紧的，并且直直地盯着你，那么小心，这些狗狗并不是放松身体等待温柔的爱抚，而是在设置陷阱。

有些狗狗会在等级更高的狗狗面前扑通一声倒下，把肚皮露出来，但却不与更高等级的狗狗进行眼神接触。故意袒露自己脆弱的腹部，狗狗通过这种方式告诉更具优势的狗——"我绝对无意挑战您的权威"。

有时，那些大胆自信的成年狗狗，在周围环境安全的情况下，会采用肚皮朝上的姿势放松，甚至还会以这样的姿势进入梦乡。

总而言之，相对于狗狗身体的其他部位，肚子上的毛要少很多，所以，在炎热的日子里，肚皮向上可以接触到更多的微风，使身体凉快很多。

✔ 你该怎么做

那些快乐的狗狗会在你一进门时就躺在你脚下，露出肚皮。它们在努力告诉你，这一天它们积蓄了太多能量，需要释放。它们喜欢你，而你要展现对它们的喜爱，那就是带它们走出家门，来一次轻快的长距离散步。不要急匆匆的，让它们有时间在路上停顿，这儿嗅嗅，那儿闻闻，让它们用鼻子感受旅途中的所有气味。

如果胆小害怕的狗狗把肚皮露出来，不要爱抚它们，这很可能无意中引发恐惧，使它们咬你一口。用愉快的语气对那些害怕的狗狗说话，教它们用爪子握握手。如果它们坐起来，给它们一些健康的食物作为奖励。

如果霸道的狗狗出于某些自私的动机摆出这样的姿势，那么它们需要重新学习执行最基本的指令，如"坐""停""看我""趴下"。要将它们的地位降到自己和其他家庭成员之下。

 兽医笔记

检查狗狗的腹部和后背，确认狗狗是否长时间扭动。你的爱犬很可能在竭力抵御跳蚤。

也有一些较罕见例子，狗狗会因为癫痫突然发作或中毒而腹部向上。

行为类型：喜爱 p178、寻求关注 p179、自信 p180、专横霸道 p181、高兴 p182、嬉戏 p183、顺从 p185

3 立毛

- 眨眼间，狗狗背上沿着脊柱的毛就变得根根竖立。
- 难道狗狗用了我的电吹风？
- 短短几秒钟时间，你的爱犬就神奇地变成了一只拥有莫西干发型的狗狗。
- 狗狗后背上的毛竖立，就相当于人类起鸡皮疙瘩。

品种

- 阿拉斯加雪橇犬
- 罗得西亚脊背犬
- 西伯利亚哈士奇
- 泰国脊背犬
- 西高地白梗

狗狗为什么会这样

狗狗背上的毛根根竖立的现象被称为"立毛"。这种"战或逃"的反应是交感神经系统的一种功能。这种现象是肾上腺素促使某些肌肉收缩并压迫毛囊而产生的。

狗狗的毛竖起的首要原因是恐惧或展现攻击性。但是狗狗如果过度兴奋、被叫醒或受到惊吓，也会出现立毛的情况。

恐惧中的狗狗会立毛，是因为这样看起来更大更壮，能唬住对方。它希望正走向它的狗狗能马掉转方向走开。

具有优势或侵略性的狗狗背部的毛竖立是一个清晰的信号，表明它们打算猛扑，并准备用牙齿攻击。

当狗狗嗅到附近有发情的雌性犬或发现一只松鼠迅速蹿上树时，会变得十分兴奋，这时背上的毛也会竖立。

有些品种的狗狗，如罗德西亚脊背犬、泰国脊背犬，生来背上的毛就是竖立的。

 兽医笔记

立毛也可能是一些脑肿瘤、颞叶癫痫或自主神经反射亢进症的罕见症状。

你该怎么做

对于一只恐惧中的狗狗来说，可以尝试向它发出一些指令，转移它的注意力，如"坐""看我"。不要抚摸它或把它抱起来，因为这些动作可能使它因更害怕而咬人。了解它的身体语言倾向，这样你就可以判断什么时候才是介入的最佳时机。

如果一只具有攻击性或你不太了解的狗狗背上的毛竖起时，不要和这样的狗狗进行视线接触，慢慢地后退或站立不动。尽量使动作幅度变小，平息这只狗狗攻击猎物的冲动。然而，不要因为狗狗背毛竖立，就草率地得出这只狗狗具有攻击性的结论，例如，罗德西亚脊背犬生来就有竖立的背毛。仔细研究狗狗所有的身体语言，先对所处况进行调查，搞清楚狗狗到底在展示怎样的情感之后，再决定采取什么行动。

如果狗狗暴露在寒冷的环境中，它身上的毛也会蓬起来，可以把狗狗带到室内，或给它穿上一件外套或毛衣，供它保暖。

如果您的爱犬背毛竖立，而没有明确的理由，那就要咨询兽医了。

行为类型：攻击 p178、焦虑／压力 p179、专横霸道 p181、害怕 p182、嬉戏 p183、性 p185

4 头伏在爪子上

- 如果你的狗狗能说话，它可能会说："有耐心或许是一种美德，但我已经等得不耐烦了。"

- 虽然没有发出一点叫声，你的狗狗却在诉说，它真的很想念曾和它共同生活，但现在已离世的狗狗伙伴。

- 这个姿势不限于特定品种。

兽医笔记

关于这个姿势，没有具体的医学建议。

狗狗为什么会这样

当狗狗无聊的时候，它会伸直前腿，叹口气，然后慢慢将头低下，伏在爪子上休息。

当狗狗想获得一点你盘子里的美味时，它也会做出这样的动作。这个动作让它看起来既孤独凄凉又讨人喜爱。或许它在告诉你，它已经长大了，已经厌倦每天吃相同的狗粮。

当你说话时，狗狗做出这个姿势，是在注意聆听你的话语，它总是期待能捕捉到你说出那些它喜欢的关键词，如"好吃的"或"散步"。

当狗狗思念它喜欢的人或狗狗朋友时，也会做出这样的动作，抒发自己的悲伤。

你该怎么做

活跃起来！你的狗狗已经厌倦了无所事事。它需要，也值得，一展智力和体力。让狗狗去学习一个新游戏吧，或者让它从一堆狗粮中刨出干粮来。

它可能在笼子里或空间有限的密闭浴室里待得太久。减少狗狗被关在笼子里的时间，一次最好不要超过五或六个小时。让它去上顺从训练课程，培养它良好的举止，这样你就可以充分信任它，当你去工作的时候，就可以让它在家里自由漫步。

给悲伤的狗狗一些治愈性按摩，或带它到一个新的地方散步，帮助狗狗摆脱忧郁的情绪。

行为类型：寻求关注 p179、无聊 p180、悲伤 p184

5 摇摆卷曲的尾巴

o 来回摆动的卷曲尾巴就像一个在微风中转动的毛茸茸的风车。

o 和这个动作配套的通常还有一个灿烂的咧嘴笑、斜视的眼睛、耷拉的耳朵、放松或摇晃的身体。

狗狗为什么会这样

这是一只快乐、友好的狗狗，渴望与你打招呼，和你一起玩耍，或者和它最喜欢的狗狗伙伴嬉戏。

有些品种的狗狗长着长长的、毛茸茸的尾巴，如比利时牧羊犬和荷兰毛狮犬。这些品种的狗狗在自己喜欢的人面前，从不会羞于表达自己的情感。

有些长着短尾巴的品种，如拳师犬和罗威纳犬，会快速摆动它们的尾巴或摇晃整个身体，又或者用后腿腾跃，显示它们很兴奋。

你该怎么做

你快乐的狗狗请求用有趣的方式与你互动，来一段和狗狗共舞的恰恰，或者和它兴奋地击掌。

针对那些健壮的狗狗，可以带它去运动，如到码头潜水或参加敏捷性活动。在狗狗即将成为焦点之前的等待时间里，它们会快速摇摆卷曲的尾巴。利用这段时间，让狗狗平静下来，让它专注于你，不要过于兴奋。

狗狗摇摆卷曲的尾巴，是在对其他狗狗释放一种友好的信号，"好想一起玩耍啊"。还有些狗狗会不停点头来表达自己强烈的意愿。作为主人，应该鼓励狗狗游戏，保持开放的姿态，用愉快的语气来讲话。

兽医笔记

关于这个姿势，没有具体的医学建议。

- 比利时牧羊犬
- 拳师犬
- 卡迪根威尔士柯基犬
- 柯利牧羊犬
- 杜宾犬
- 德国牧羊犬
- 金毛寻回犬
- 荷兰毛狮犬
- 拉布拉多寻回犬
- 罗威纳犬

行为类型：寻求关注 p179、自信 p180、高兴 p182、嬉戏 p183

6 摇摆僵硬的尾巴

o 尾巴平行于地面或竖起，
  缓慢地左右摆动，却十
  分有力。

o 这个尾部动作再加上一
  张严肃脸，紧绷的肌肉、
  坚定沉着的凝视，都
  在告诉你"我是认真
  的"。

o 狗狗的后腿有些僵
  硬，且分得很开，身
  体向前倾。

品种

- 万能梗
- 阿拉斯加雪橇犬
- 巴辛吉犬
- 拳师犬
- 斗牛犬
- 大麦町
- 杜宾犬
- 德国牧羊犬
- 沙皮狗
- 西伯利亚哈士奇

❓ 狗狗为什么会这样

狗狗用尾巴做出的表达总是十分清晰坦率，不会骗人。如果狗狗身体姿势紧张，尾巴僵直并慢慢摆动，好像在模仿节拍器打拍子，就是在告诫别人要和它保持距离。如果你和其他狗狗侵入了狗狗认知中的安全区域，它就会咆哮、扑上去，甚至会发起猛烈进攻。

当大胆自信、警觉的狗狗在关注形势，思考它该怎么做或该怎么回应时，也会缓缓地左右扫动尾巴。

这个尾巴姿势可标志狗狗在它的世界中有着崇高的地位。占有统治地位的狗狗在被靠近或面对其他狗狗时，会僵硬缓慢地摆动尾巴。作为回应，地位比较低下的狗狗通常会避免眼神接触，并把尾巴耷拉下来。有时地位低下的狗狗还会把尾巴夹起来，表示对地位崇高狗狗的屈从。

不同品种的狗狗尾巴高度不同，但一般说来，处于焦虑、专注状态或准备进入攻击模式的狗狗，尾巴会变得僵直，平行于地面或竖起。一些品种的狗狗生来尾巴就是弯曲的，如巴辛吉犬。当这些品种的狗狗处于以上情境时，尾巴会变得更紧绷。

✔ 你该怎么做

注意狗狗给你的信息，不要贸然介入。狗狗观察你和它所处的形势，正在思考是留下来打一架还是溜走，这时你不要冲上前试图爱抚它，不要直接和它进行视线接触，因为它可能会认为这是具有威胁性的。

观察狗狗整个身体，特别是那些短尾巴的品种，如杜宾犬、拳师犬、斗牛犬。

当狗狗摆出这个姿势有一段时间，且它已经感到疲倦时，扔给它一些食物，尝试舒缓它紧张的情绪。不要尝试用手来喂狗狗，因为很可能被咬。

 兽医笔记

如果狗狗通常会欢快地摇尾巴，但摇摆的频率突然降低，那么请检查一下狗狗的尾巴，它的尾巴很可能受伤了，需要看兽医。

具有攻击性的狗狗需要行为规范训练，可能还需要兽医行为学家或经认证的动物行为学家开具的处方药。训练一只狗狗从对抗模式到接纳模式需要时间并采取专业指导。

行为类型：攻击 p178、自信 p180、专横霸道 p181、捕猎 p184

7 邀玩鞠躬

- 一只快乐的狗狗会伏下身体，前腿伸展，肩膀和胸脯低到地面，屁股高高撅起。
- 你的狗狗会展现出它最蠢萌的一面，期望你能和它一起游戏。
- "我们一起快乐地玩耍吧"，这是狗狗最通用的邀玩动作，无论大小、年龄、品种和社会地位。

品种

- 这个姿势不限于特定品种。

❓ 狗狗为什么会这样

狗狗最愉快的动作之一就是邀玩鞠躬。顾名思义，在狗狗世界里，这是非常正式地发出邀请。

一些狗在做这个动作的同时，还会加上一个邀玩的微笑。它们会将嘴唇向后扯，但是绝不会露出牙齿，因为这可能会被误认为是发动攻击的信号。

邀玩行为的美妙之处在于这与社会地位无关。占有统治地位的狗狗可以向地位低下的狗狗做出邀玩鞠躬，反之亦然。当两只狗初次见面时，其中一方就可能会做出邀玩行为。

狗狗具有敏锐的幽默感。和自己喜欢的狗狗伙伴一起奔跑嬉闹时，它们总是兴致高昂。在做游戏时，狗狗们可能会玩得很粗野，但是它们会尽最大努力去交流，表明这些动作绝对不具威胁性。当一只狗狗不小心狠狠撞击了游戏伙伴的身体时，它会立即做出邀玩鞠躬的动作，在这种情况下，这个动作的意思是"哎呀，对不起，让我们继续玩吧"。

有时，作为交配礼仪的一部分，狗狗一开始也会用邀玩鞠躬的姿势传达友好。雄性犬可能会通过邀玩动作来吸引处于发情期的雌性犬。

✅ 你该怎么做

好吧，虽然你不是狗，但你也可以伏下身子做一个邀玩鞠躬，带你的狗狗进入嬉戏模式。做出你最愚蠢的表情，进行一些愉快的谈话，看着你的狗狗一瞬间从无聊到兴高采烈。你也可以趴在地板上，和狗狗低声耳语——在狗狗世界里，这和人类的笑是一样的。

特意的玩耍对爱犬的健康和幸福感来说很重要。当它向你做出邀玩鞠躬时，请奖励给你们两个一些游戏时间，哪怕是只有五分钟的互动。从你手头"必须做"的事情中离开一下，和你的狗狗朋友陶醉在当下的快乐时光中。挑选一个它真正着迷的活动，比如衔物游戏、拔河，或者一起来回奔跑。

对于一些缺乏适当社会化的狗狗来说，它们可能不知道该如何回应其他狗狗的邀玩行为。它们可能会感到被威胁，并因为害怕而低声咆哮。请与专业的驯犬师合作来提高狗狗的社交技巧。

兽医笔记

关于这个姿势，没有具体的医学建议。

行为类型：寻求关注 p179、高兴 p182、嬉戏 p183、性 p185

8 抬起前爪

- 以这个动作为起点，狗狗可以挥手、与你击掌或摸一摸它喜欢的人。
- 你的狗狗可能在和你说："我刚才发现了一只鸟，我指给你看，它就在那儿。"
- 或者它可能在说："快看，妈咪，我可以用三条腿站着也不会倒。"
- 你的狗狗可能踩到了什么东西，爪子有些疼。
- 聪明的狗狗知道这是一种可快速获得关注的可爱的方法，几乎立刻就能成功。

品种

- 比格犬
- 比熊犬
- 边境牧羊犬
- 拳师犬
- 乞沙比克猎犬
- 史宾格犬
- 德国短毛指示犬
- 杰克罗素梗
- 拉布拉多寻回犬
- 贵宾犬

狗狗为什么会这样

抬起一只前爪，用甜美的眼神看着你。狗狗会用这种方式巧妙地达成自己的目的——让你停下正在做的事情，来帮它完成心愿，如给它好吃的、陪它玩耍。

某些猎犬品种，如比格犬和德国短毛指示犬，经过训练后可以站立不动，抬起前爪，为猎人指示猎物所处的方位。

哎哟！狗狗受伤了！如果狗狗踩到尖锐的物体、抓了狐尾草、趾间扎入了尖刺，或者扭伤了腿部肌肉，它们会因受伤而十分痛苦，这时它们会竭尽全力减轻这条腿上的重量。

当狗狗到了一个新的地方，第一次见到别的狗狗或人，它们也会抬起前爪，因为它们感到有些不安。

对于幼小的哺乳期小狗崽，在被狗妈妈舔舐时，也会抬起一个爪子来回应。

你该怎么做

小心！不要让快速成长的小狗狗知道如何驾驭你。毫无疑问，幼小的狗狗向你抬起它的前爪，赢得你的爱抚和奖励时，真的非常可爱。但是，如果你每次都满足它的请求，它可能会更频繁地摆出这个姿势，并且会更加执着。

站起身来或离开房间，故意无视这只抬起来的小爪。或者让狗狗做另一个动作，如命令它"过来"，如果它向你走过来，那么给它一些奖励，不要因为它抬起爪子而奖励它。

经常抚摸狗狗的爪子，使狗狗习惯爪子被触碰的感觉。在长途跋涉或散步后，检查一下狗狗的爪子，确保脚掌没有受伤，趾缝间没有异物，如观察有无带刺的植物种子扎在趾间。

兽医笔记

好奇害死猫。但狗狗的好奇心其实也很强，它们会触碰蜂巢，然后被蜇，又或者踩蚁穴。这些昆虫的叮咬会使狗狗的爪子或脚趾缝隙肿胀、疼痛。这时它们可能需要药物治疗。

一个动作失误，或者从很高的地方跳下来，会使狗狗前腿或爪子受伤。这时它可能需要兽医检查并接受药物治疗，必要时，可能需要手术。

行为类型：喜爱 p178、焦虑／压力 p179、寻求关注 p179、无聊 p180、好奇 p181、嬉戏 p183

9 追逐尾巴

- 看着狗狗为了追逐尾巴转了一圈又一圈，真的很容易头晕。
- 就连狗狗也不知道自己该往哪个方向转。
- 不管是顺时针方向，还是逆时针方向，大多数狗狗都会跑着追尾巴。
- 通常尾巴的移动速度正好快到不被狗狗的嘴咬住。

 兽医笔记

　　有时狗狗咬住了尾巴，可能会因处于兴奋的捕猎状态，一口把尾巴咬断，受伤流血。这时，应按压伤口，防止失血过多。

　　有时肛门病痛的刺激也会引起狗狗做出这样的行为。

　　如果狗狗过度沉迷于旋转，可能是一种强迫症，需要药物治疗。这样的狗狗可能会对饮食失去兴趣，同时睡眠不足，从而引起体重下降。

　　被过度啃咬的尾巴如果得不到及时治疗，最终会导致需要通过外科手术切除。

狗狗为什么会这样

狗狗追逐尾巴的原因很多，从简单地只是出于"因为我能做到"，到比较严重的情况，如强迫症。有些狗狗被捕猎本能驱使而追逐尾巴。当它们用眼角的余光瞄到一个动的东西，准确点说，是一个摇来摆去的东西，它们会大吃一惊，然后拼命追逐。

然而，狗狗追逐尾巴最常见的原因是无聊。有些狗狗孤单地在家里待了几个小时，无所事事，睡了一觉又一觉，它们急于舒缓自己紧张的情绪，宣泄压抑的精力。

有些狗狗不能抓住真实的猎物，如它想偷偷接近的小鸟飞走或松鼠跳走了，它就会生出挫败感，用它可怜的尾巴来发泄心中的怒火。

幼小的狗狗觉得追逐尾巴很有趣，但是一只健康的狗狗在成年后就会对这种行为失去兴趣。

品种

- 澳大利亚牧牛犬
- 牛头梗
- 德国牧羊犬
- 意大利灵缇犬
- 杰克罗素梗
- 巴哥犬
- 惠比特犬

你该怎么做

那些无聊到追逐尾巴的狗狗需要一些建构活动。雇一个职业遛狗者或者每周带你的爱犬去几次狗狗日托中心，让它有机会和其他狗狗一起运动。

当你不在家的时候，给狗狗提供一些不同的玩具，让它们有事可做。比如，在硬橡胶做的咀嚼玩具中塞一些干狗粮或奶酪，狗狗的任务就是把它们弄出来。

在最初或轻度阶段，这样的行为会显得很可爱，引你发笑。但这样只会让狗狗追逐尾巴的行为愈演愈烈。注意，不要鼓励这种行为，也不要因为这样的动作而回应它寻求关注的请求。拍拍手，打断狗狗的动作，把它再次引导到适当活动中，比如接球游戏。

如果你的狗狗突然开始转圈圈，让它停下来，仔细检查它的尾巴，看它是否因生了跳蚤或得了皮疹需要兽医的治疗。新的研究表明，追逐尾巴和胆固醇水平过高存在一定关系，这也是你需要带追逐尾巴的狗狗看兽医的一个原因。

行为类型：焦虑 / 压力 p179、无聊 p180、好奇 p181、强迫症 p183、嬉戏 p183、捕猎 p184

10 夹起尾巴

- 嗖的一下，前一秒钟狗狗的尾巴还高高翘起，下一秒钟空中的尾巴好像消失不见了。

- 狗狗在害怕时会把尾巴压在两条后腿之间，将身体坐在尾巴上，虽然这个姿势并不舒服，但出于恐惧，狗狗会选择忍受这个动作。

品种

- 这个姿势不限于特定品种。

❓ 狗狗为什么会这样

"请不要嗅我的屁股！"狗狗把尾巴夹在两条后腿之间，或夹着尾巴坐下去，惊疑不定的狗狗通过这种方式尽力阻止不断靠近的狗狗嗅出自己有多害怕。气味腺体从不说谎，它们真实地传达了狗狗的心情。

狗狗也用这种夹着尾巴坐下的动作进行自卫，阻止另一只狗试图爬到它背上进行交配。

胆小的、地位低下的狗狗或幼崽会通过夹尾巴的动作向统治地位的狗狗表示尊敬。这种姿态清晰地表明它们绝不会带来麻烦。在狗狗见面打招呼时，体形小的狗狗会夹起尾巴，以示对体形较大的狗狗的屈从。

 兽医笔记

容易受到惊吓的狗狗往往也怕打雷声，或具有其他噪音恐惧症，可能需要兽医开一些抗焦虑处方药。

如果你饲养的是雌性犬，在它的发情期，要阻止潜在的雄性追求者靠近它——把它关在屋子里，或用狗绳拴在四周围有栅栏的户外。

✅ 你该怎么做

搞清楚是什么引发狗狗恐惧，让狗狗有压力。尽全力帮它摆脱这种境遇，不要让它深陷其中。例如，每次狗狗看见滑板或听见滑板的声音就会夹起尾巴，那么带它散步时就要尽量避开滑板公园。

不要用冷酷的语气对害怕的狗狗讲话，这只能使它更害怕。不要冲它叫喊或强迫它面对害怕的东西。这样会使它封闭自己的情感。

遛狗时，如果你看到有一只狗猛拉牵引带，快速地走在它的主人前面，正向你们迎面走来，这时你应该换到街的另一边。显然，这是一只非常有信心，很可能占有主导地位的狗，正寻求提升自我的机会。避免两只狗狗相遇，否则只会给你的狗狗增加压力和焦虑。当你避开这条路时，给狗狗一个提示，如"看我"，让它"坐"或"握手"——总之，向它提一些简单的要求，来分散它的注意力，增强它的信心。完成后一定记得奖励它一些健康的食品。

试着将你的狗狗介绍给那些社会化良好的狗狗，这些狗狗在玩耍过程中不会给你的狗狗带来威胁。这些犬类朋友还会教给你的狗狗基本的狗狗礼仪。

行为类型：焦虑 / 压力 p179、害怕 p182、性 p185、顺从 p185

11 用后腿走路

- 将全部体重放在两条后腿上向前迈步时，狗狗像芭蕾舞演员一样优雅。

- 有些天赋异禀的狗狗可以用它们的后腿维持平衡，甚至可以转圈圈、向前跳或向后跳。

- 一些体形小的狗狗因为用后腿站立，身高似乎一下子变成了原来的两倍。

品种

- ● 比熊犬
- ● 吉娃娃
- ● 日本狆
- ● 迷你杜宾犬
- ● 蝴蝶犬
- ● 贵宾犬
- ● 约克夏梗

？ 狗狗为什么会这样

有些狗狗是天生的表演者。它们会竭尽所能来博得你的关注和掌声，当然最终是为了赢得美食。它们陶醉于赞美之声，这会激励它们继续表演，让它们感觉自己很独特。

一些中小型犬有着长长的腿和瘦瘦的身体，这样的犬最适合抬起它们的上肢，用后腿走路并保持平衡。它们通常是狗狗世界里的冒失鬼，乐于尝试新的挑战。

有些狗狗前腿受伤或患有疾病，如骨肉瘤等，它们会将重心转移到后腿上活动，这展现了它们的适应能力和生存意志。一些年龄较大的狗狗前腿可能患有关节炎，这也会导致它们只愿意利用后腿。

兽医笔记

对于那些暂时不能用前腿负重的狗狗来说，有必要使用抗生素药物。

脊柱损伤和神经系统疾病，都会妨碍狗狗将重心放在前腿上。必要时可能需要手术治疗。

可以为狗狗配一辆小车，小车能支撑它的身体，使它可以移动。

✓ 你该怎么做

如果一只狗狗为了引起注意而尝试了这样的动作，那么就给它抓一小把好吃的并按响宠物训练器，这样你就可以准确地塑造这个动作。使用宠物训练器的目的是向狗狗传递一个独特的、具有鉴别性的声音，使狗狗确认它刚刚做的动作正是你想要的，这被称为"标记行为"。

如果要训练一只健康的运动型狗狗连续用后腿走路，首先要教它坐直，接下来让它学会请求的姿势。掌握了以上两个动作后，就可以让它学习后腿站立的姿势了。面向狗狗，与它平视，用赞赏的眼神示意，慢慢站起来，鼓励你的狗狗和你一起移动。当它完成这个动作，按响宠物训练器，并给它奖励。一定要有耐心，一步一步来，这种行为的成功培养是由一个个小小的成功累积而成的。

如果你的狗狗变得非常专横，一直在你面前跳来跃去，不要理它，快速离开。不要说任何话，因为你可能无意间就给予它想要获得的东西——你的关注。

行为类型：喜爱 p178、寻求关注 p179、高兴 p182、嬉戏 p183

12 蹭家具

- 谁家的家具因为狗狗总喜欢用毛茸茸的大尾巴蹭来蹭去而需要抛光?
- 你家米黄色沙发上有一块黑色的污渍,上面还粘着几根狗毛。

品种

- 这个行为不限于特定品种。

兽医笔记

如果你的狗狗一直蹭家具,用家具挠痒,看看狗狗身上是否有跳蚤。你的兽医会向你推荐合适的灭跳蚤药。

狗狗为什么会这样

把自己的气味留在家具上,狗狗用这个方法告诉别人,这个沙发是属于它的。这很明显是一种"宣誓地盘"的行为。

狗狗可能因为皮肤过干、过敏或生了跳蚤,引起身体某个无法够到的部位发痒,而家里的躺椅扶手或咖啡桌一角恰好可以帮助狗狗缓解身上的瘙痒。

有些狗狗以为覆盖家具的盖布是一块大餐巾,让它们在用餐后擦去脸上和嘴上的食物残渣。

你该怎么做

寻找一个模式,记录下狗狗在什么时间怎样蹭家具,用来找出狗狗这么做的原因。检查狗狗的被毛,看是否有跳蚤咬过或皮肤过敏的痕迹。坚持每个月都治疗跳蚤。如果它有食物过敏,那么需要咨询兽医,为它更换饮食。

如果你的狗狗想在餐后擦脸,准备一条略微潮湿的毛巾,在你让它冲进客厅之前好好把它的脸擦干净。

行为类型:焦虑 / 压力 p179、寻求关注 p179、无聊 p180、专横霸道 p181、高兴 p182、嬉戏 p183

13 竖起尾巴

- 狗狗尾巴向上直立且僵硬。
- 狗狗身体也变得僵硬，一动不动。
- 狗狗背上的毛竖立起来，使它看起来更大一些。

品种

- 美国猎狐犬
- 比格犬
- 卡他豪拉豹犬
- 猎浣熊犬
- 英国猎狐犬
- 西伯利亚哈士奇
- 西藏猎犬

兽医笔记

关于这个姿势，没有具体的医学建议。

? 狗狗为什么会这样

竖起的尾巴就是黄色警示灯。在大多数情况下，如果一只狗狗竖起尾巴，表示它在向其他狗狗宣誓自己的权威。当狗狗的态度从警惕变成更具支配性，或更愤怒，它的尾巴就会变得几乎僵硬。

一些狩猎犬，如比格犬和美国猎狐犬，发现鸟儿或其他猎物时，就会竖起尾巴，向猎人展示白色的尾巴尖。

那些自信、友好的狗狗会竖起它们的尾巴，将它们肛门的位置露出来，以便其他狗狗在打招呼时更容易嗅到。发情中的雌性犬也会竖起尾巴吸引雄性追求者。

✓ 你该怎么做

清晰的交流是狗狗身体语言的特点，尾巴的姿态、动作或尾巴动作的缺失都非常关键。

有些狗狗不能利用尾巴说话，因为它们的尾巴或紧贴着臀部，或很短又或者很卷曲。对于这些狗狗，要密切关注它们的身体姿势。

如果你的狗狗一直盯着另一只狗狗，请将狗狗拉走。让它注意你的暗示，树立你的权威。

行为类型：攻击 p178、自信 p180、好奇 p181、专横霸道 p181、性 p185

14 睡眠中抽搐

- 正在打盹的狗狗，脚突然抽动，但是眼睛还紧闭着。
- 它的身体开始抽搐和颤抖，也可能会发出一点儿声音。
- 你的狗狗看起来好像侧躺在地上奔跑。
- 抽搐是不定时发生的，从开始到结束持续的时间可能只有几秒，也可能更长。

品种

- 比格犬
- 斗牛獒
- 柯利牧羊犬
- 波尔多獒
- 金毛寻回犬
- 荷兰毛狮犬
- 拉布拉多寻回犬
- 贵宾犬

兽医笔记

如果不确定狗狗是在做梦还是癫痫发作，你可以让兽医给它做一次全面体检。任何狗狗都可能癫痫发作，只是有些狗狗具有遗传倾向。

如果你的爱犬看起来好像要咬自己的舌头，并且狗狗眼睛之间和太阳穴处有脉搏跳动，这些迹象表明狗狗可能感染了狗瘟。按时给狗狗接种疫苗非常重要。

夜间持续的腿部抽搐很可能是神经损伤，甚至肌肉萎缩的信号。

狗狗为什么会这样

和人类一样，狗狗也会做梦。它们的睡眠会经历三个阶段：NREM（非快速眼动阶段）、REM（快速眼动阶段）和SWS（短波睡眠阶段）。如果狗狗的睡眠处于短波睡眠阶段，它的呼吸会非常沉重。动物专家认为狗狗会在快速眼动阶段做梦，并且通过抽动四个爪子来进行梦中的活动，就好像它们在追逐兔子一样。

那些蜷缩着身子睡觉的狗狗会保持肌肉的紧张状态，因此，和那些伸展身体睡觉的狗狗相比，放松程度要差一些。

有些原因尚不明确，和成年犬相比，幼犬和老年犬会在睡梦中动得更多。如果你靠着它们睡觉，很可能会因为它们身体的剧烈动作而惊醒。

你该怎么做

当你看到睡眠中的狗狗开始抽搐时，千万不要惊慌。轻轻呼唤狗狗的名字，把它叫醒。一些狗狗在睡眠中非常敏感，容易反应过激，所以不要用手摇醒它，否则很可能被咬。为了安全着想，还是谨遵那句谚语——千万不要惹睡觉的狗。

有些狗狗做了噩梦，醒来还很害怕，请用平静的语气来安慰狗狗。

温度骤降会使睡眠中的狗狗体温下降，从而引发抽搐，这是身体试图保持温暖的反应。打开暖气，或给狗狗盖上一条毯子。

你需要了解一下良性睡眠抽搐和癫痫发作的区别。良性睡眠抽搐的症状是，狗狗可能会有一两下急促的抽动，但之后它会再次回到安静的睡眠中。当你喊它的名字，它就会醒过来。但癫痫发作时，狗狗身体会变得僵硬，剧烈颤抖，还会紧锁身体。它会失去意识，过度喘息，叫它的名字也不会有回应。

行为类型：焦虑 / 压力 p179、嬉戏 p183、捕猎 p184

15 耷拉着耳朵

- 两只耳朵都紧贴着头部。
- 眉部和头上的肌肉都紧绷着。
- 嘴巴可能是张开且放松的，也可能生硬地闭着。
- 耳朵折起来向后或向外伸，就像飞机的机翼一样。
- 你的狗狗知道它即将再次陷入麻烦……

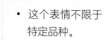

品种

- 这个表情不限于特定品种。

狗狗为什么会这样

如果想要判断狗狗的真实情绪，那就不能只观察耳朵。狗狗很多情绪的表达，从害怕到好斗，都会有耷拉耳朵的表现。所以要仔细观察下列明显的差异：

· 感到害怕的狗狗前额光滑，整个身体呈畏缩状。

· 凶猛好斗的狗狗前额是紧绷、皱起的，它的嘴唇可能会有向后拉的趋势，作好了咆哮的准备。

· 狗狗好奇时会因为专注而把耳朵向后拉。

· 感到悲伤的狗狗会把头放在前爪上，耳朵向后耷拉，通常会一动不动地趴着。

在战斗开始前，狗狗会把耳朵耷拉下来，防止耳朵被咬伤或被爪子抓伤。

当狗狗在屋子里小便或排便，导致主人心烦不已时，它通常会摆出一副顺从的姿态，其中就包括耷拉着耳朵。这是狗狗在用自己方法向主人传达，它已经意识到自己的家庭地位低人一等。

那些耳朵又长又厚重的品种，如比格犬和巴吉度猎犬，很难把耳朵耷拉下来，以示自己很顺从，没有威胁性。而那些长着竖立的三角形耳朵的品种，如德国牧羊犬和凯恩梗，能够用耳朵更清楚地传达这个信息。

耳朵感染的狗狗可能会把耳朵耷拉下来，并因为耳朵痒或疼而把头偏向一边。

当狗狗疑惑不定的时候，会把耳朵向后推，比如给它修趾甲时。

你该怎么做

当狗狗做了淘气的事情，如把房子弄得脏兮兮的，让你感到非常沮丧或生气时，不要向它发火，因为发火并不能阻止这种让人讨厌的行为。相反，很可能会适得其反，使狗狗在你身边时变得更顺从，狗狗甚至害怕与你在一起。最好的方法是把它领到户外，当它在正确的地方大小便时，表扬它。

定期检查狗狗耳朵，包括耳朵里面，特别是如果发现狗狗的耳朵耷拉着，且总是蹭自己的耳朵时，你可以及时发现耳朵的疾病。当你们远足后返回家中时，检查狗狗的耳朵是否粘上了带刺的野草种子或狐尾草。

当你靠近一只害怕的狗狗时一定要小心。这些狗狗身体向下伏，夹着尾巴，耳朵向后耷拉。在这种状态下的狗狗会认为，对于你的逼近，它所能做的只有咬你一口，然后迅速逃走。

兽医笔记

有些长耳朵的品种，包括可卡犬、查理士王小猎犬、贵宾犬和圣伯纳德犬，需要定期清理耳朵并做耳朵检查，因为它们的耳朵里面长有狗毛，易导致耳垢堆积，引发感染。

行为类型：攻击 p128、焦虑 / 压力 p179、害怕 p182、顺从 p185

16 支起耳朵

- 当狗狗的耳朵竖起时，头通常前倾或歪向一边。
- 两只耳朵都向上、向前支起，眼睛里充满警觉和专注。

品种

- 这个表情不限于特定品种。

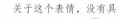
兽医笔记

关于这个表情，没有具体的医学建议。

狗狗为什么会这样

准备玩耍的狗狗看到一些有趣的东西时，如一个正在捡网球的人，就会竖起耳朵向前拱。这表示它们很兴奋，已经为游戏作好了准备。

当好奇的狗狗在高清电视屏幕上看到动物时，就会支起耳朵。它们想要弄清楚屏幕上那个看上去是平面的、并且不散发气味的动物是否是真实的。

自信、警觉的狗狗向前支起耳朵，并投下沉着且轻松的目光，这说明它们在当前的环境中自觉强壮、安全。

当猎狗发现猎物时，它们注意力会高度集中，竖起耳朵，嘴巴微张着。

你该怎么做

留心观察狗狗，当它的耳朵向前支起，并且专注地看着什么，很有可能是它在你家后院发现了意外出现的小动物，如浣熊或负鼠，又或许它正要通知你，有人在向你家前门走来。

估量一下狗狗耳朵的紧绷程度。与那些嬉戏、好奇或警觉的狗狗相比，狩猎中的狗狗或攻击性强的狗狗的耳朵会更紧绷。

行为类型：凶猛好斗 p178、自信 p180、好奇 p181、嬉戏 p183、捕猎 p184

17 挑眉

○ 一侧或两侧眉骨高高扬起，大大的眼睛露出眼白。

○ 你的狗狗现在呈坐姿，下一秒就要跃起。

品种

• 这个表情不限于特定品种。

兽医笔记

关于这个表情，没有具体的医学建议。

❓ 狗狗为什么会这样

当你的狗狗遭遇出其不意——当然是惊喜，而不是惊吓，比如款待它一顿超级丰盛的美食时，它就会惊讶得扬起眉骨，睁大眼睛。一个人在你生日那天走进你的家，和朋友们一起向你大喊："生日快乐！"你会是什么表情？这个表情就是狗狗处于那种情景时的版本。

如果一只焦虑的狗狗不确定接下来会发生什么，它可能会扬起眉骨，闭着嘴巴，仔细研究周围的事物。

一对正在玩耍的狗狗，可能会用扬起眉骨的表情来回应对方，例如，狗狗的玩伴全力奔跑，一跃而起，抓住一个在空中飞的玩具，那么狗狗就会扬起眉骨，以示钦佩和赞美。

你该怎么做

狗狗就活在当下，既不考虑过去，也不担心未来。它是一个温柔的提醒者，我们应该暂时放下手机，离开电脑，和我们的爱犬一起玩耍——哪怕每天只抽出五分钟。

充分利用时间，趁着它思维敏捷的时候，教它一个新游戏。找一个没有干扰的地方练习，一定不要吝啬赞美和奖励。

行为类型：焦虑 / 压力 p179、寻求关注 p179、好奇 p181、高兴 p182

18 专注地凝视

○ 专注地凝视,看不到眨眼和眼珠转动。

○ 脑袋向前倾,身体静止不动。

○ 嘴巴通常是闭着的。

○ 眼睛显得比平时大些。

品种

• 这个表情不限于
  特定品种。

❓ 狗狗为什么会这样

什么比吠叫更具威力、更吓人，那就是投出冰冷、凶狠的目光，而不发出一点儿声音。在审视地位低下的狗狗时，自信、占有支配地位的狗狗会用沉着的凝视显示自己更高的等级地位。狗狗在用这样的目光警告其他狗狗"挑战我的地位，想都不要想"。

一只自信的狗狗会在做邀玩鞠躬时和另外一只狗狗进行眼神交流，甚至会使劲把眼睛往上翻，以表明它可不是个懦夫。

并非所有的凝视都是以支配性地位为基础的，有些狗狗非常善于运用这样的表情，它们会一直盯着餐桌上的人，眼睛一眨也不眨，期望他们会心软，从而能分得一些残羹。

还有些狗狗会一边站在门口，一边深情凝望，告诉你，它想出去散步。

那些热衷于玩接球游戏的狗狗会专注地盯着地上的网球，直到你把球捡起来并投出去。

如果你的狗狗中毒、感染瘟疫或患有神经系统疾病，也可能会茫然地望向空中。在它眼前挥手，它的瞳孔可能没有反应，也可能会散大。

✔ 你该怎么做

当你遇到一只性情不明的狗狗时，你可以看它，但不要紧盯着它，因为它可能会认为这是一种敌意的表达，而做出随时准备攻击的姿势。相反，降低你的视线，或者在初次视线接触后，将视线转移到别处，以示你没有敌意。

如果你的狗狗和另一只狗狗相互对视，拍拍手或吹口哨，打断它们的对视，避免两只狗狗矛盾激化。

为了防止你的狗狗一直要求你玩接取游戏，无论游戏时间持续多久，在你抛球或抛物体的间隙，让它保持"坐"的姿势。当你准备结束游戏时，收好球，把它放在狗狗看不到的地方。

在你坐下来用餐之前，把狗狗引到另一个房间，防止它成为一个乞食者。定时喂它，让它与你的吃饭时间相同。这样，当它在另一个房间忙着吃东西时，你就可以安静地享用你的美餐了。

 兽医笔记

如果你的狗狗无精打采，或者没有任何反应，目光茫然空洞，它很可能头部创伤、吃了有毒的东西、陷入休克状态，或者患有其他更严重的病症，需要兽医的诊治和护理。

行为类型：攻击 p178、好奇 p181、专横霸道 p181、强迫症 p183、捕猎 p184

19 垂头

- 狗狗垂着头，眼睛却向上看着你。
- 这是狗狗版等待判决的表情。
- 大眼睛加上宽大的带着皱纹的前额，
  这是超级卑微的表情。

品种

- 巴吉度猎犬
- 比格犬
- 寻血猎犬
- 英国猎狐犬

❓ 狗狗为什么会这样

有些狗狗会用垂下头的方式来避免战争。如果家里养了两只狗，想要执行家规的占统治地位的狗会瞪着地位低下的狗，龇牙咧嘴，让它把嘴里的咀嚼玩具吐出来。而偷偷将玩具占为己有的狗狗则会低下头和身体，遵守高等级狗狗的吩咐，以示顺从。

狗狗也会闷闷不乐。当它看到自己喜欢的人提着行李箱走出家门，意味着他要么将开启一段长途旅程，要么去远方上学，狗狗就会垂下头，好像在悲伤地叹息一样。这只聪明的狗狗知道行李箱意味着和心爱的人分别。

当顺从、害羞或焦虑的狗狗不确定一个人会如何对待它们时，会低下头，眼睛微微向上瞟。这个表情有些像被指控的人在等待法官宣判。狗狗和那些等待宣判的人一样，都对将要发生的事情有一丝担忧。

如果一只狗被困在角落，找不到任何逃跑路线，它会为自己做最坏的打算。它低着头，盯着走近的人或狗。这是一种被恐惧支配的姿势，这样的狗狗很可能会扑上来、咆哮或发起攻击，以此保护自己。

✅ 你该怎么做

首先，站在狗狗的角度思考问题，摒弃这样一个错误观念：狗狗也会愧疚。其实愧疚是一种人类独有的情感。

这是一个典型的误解案例：独自在家的狗把拖鞋咬成碎屑或在客厅的地毯上小便。五小时后，你回到家，发现家里一团乱。你会责骂你的狗，而它则摆出一副顺从的姿势——低着头，眼睛向上盯着你，夹着尾巴。你认为这表明狗狗在道歉，它在告诉你以后再也不会这样做了。

错！你的狗狗并没有在道歉。它只是根据你的语气、肢体语言和情绪做出反应。它低着头是因为这是重获身为领导地位的你喜爱的一种方法，并表明它已经准备好做些什么让你高兴起来。

🩺 兽医笔记

腹痛或肠胃不适也会导致狗狗低下头，甚至呕吐。如果呕吐物中有血或异物，请立即就医。

行为类型：寻求关注 p179、害怕 p182、悲伤 p184、顺从 p185

20 眯眼睛

- 目光柔和，眼睛半睁着，嘴巴张开，你几乎可以察觉到一丝<u>微笑</u>。
- 眼睛瞥向一侧，前爪略微抬起，放松的尾巴轻轻地来回扫动。
- 在得到放松的腹部摩擦时，你的狗狗眼睛里会释放出纯粹的狗狗的幸福。
- 坐过一次车后，狗狗会在脑海里记住，不要把头探出窗外，因为，哎哟，尘土会飞进眼睛里。

- 这个表情不限于特定品种。

❓ 狗狗为什么会这样

狗狗会用眼睛来表达情绪。眯眼睛这个动作所表达的各种情绪中，排在首位的就是狗狗的满足感。高兴的狗狗感到快乐和安全时，就会眯起眼睛或半闭着眼睛，全身肌肉放松，就像在度假一样。

像人类一样，狗狗的眼睛也不能经受强烈的阳光。当狗狗盯着阳光时，强烈的光线会使它把眼睛眯起来。

在狗狗见面相互介绍时，自信、社会化的狗狗会眯起眼睛并稍微转移视线，表明它对吠叫或争斗完全没有兴趣。

如果狗狗因为乱翻垃圾或做了其他错事而被主人责骂，它会眯起眼睛并轻轻地用鼻子碰主人的手以求原谅。

如果狗狗被其他鲁莽的狗狗惹怒了，或觉得自己有必要进行自我防卫时，也可能会眯起眼睛，紧跟着另一只狗狗。

✅ 你该怎么做

感受狗狗的心情，给它做一个从头到尾的全身按摩。这可以改善血液循环。

不让狗狗进入房间就会降低混乱发生的概率。将厨房垃圾桶藏在狗狗够不到的地方，并且给垃圾桶加一个坚固的盖子，就不会发生狗狗搞得一团乱，被你发现后又眯起眼睛向你表示顺从的事儿了。

一些眼疾会有畏光的症状，即所谓光敏性。患有这样病症的狗狗必须避免直视明晃晃的阳光，有必要的话需要佩戴护目镜或专门的狗狗太阳镜。

不要让狗狗在乘车的时候把头探出窗外。把它装在笼子里或系好安全带，以确保狗狗安全，让尘土没有机会飞入它的眼睛。将狗狗控制住，也可避免你在驾驶时因它而分心。

🩺 兽医笔记

狗狗如果长时间眯着眼睛，就不正常了。你的狗狗很可能眼部感染、角膜擦伤或有异物进入眼睛。如果它用爪子揉眼睛，一只眼睛或双目紧闭、过度流泪、排脓或反复蹭脸，那就需要兽医诊治护理了。

好奇的狗狗会用鼻子和前爪探究东西。如果蜜蜂或黄蜂蜇了你家狗狗，它需要用抗组胺药缓解被蜇部位的肿胀，向你的兽医咨询适当的用药剂量。

行为类型：喜爱 p178、攻击 p178、自信 p180、害怕 p182、高兴 p182、顺从 p185

21 斜瞟

- 狗狗的头转向一边，从眼角处向外张望。
- 寻觅游戏的狗狗一脸轻松，张着嘴。
- 狗狗偷偷瞄了你一眼，然后又朝远处看去。

- 这个表情不限于特定品种。

兽医笔记

关于这个表情，没有具体的医学建议。

狗狗为什么会这样

恐惧或焦虑的狗狗会快速地瞥视它认为有危险的人或狗，甚至还会鼓起腮帮喘几口大气，使自己平静下来。

快乐的狗狗为了博得你的关注，会朝你的方向充满活力地瞥一眼，还会做邀玩鞠躬，清晰地传达它的意愿——游戏时间到了，就是现在！它们浑身充满了活力，想要和你一起玩接取游戏、拔河或其他游戏。

社会化、自信的狗狗知道在和其他狗狗互相认识时盯着对方是非常粗鲁的行为。它们会在最初相互闻嗅打招呼时，看一眼对方，然后就把视线移开。

你该怎么做

时不时让你的狗狗玩游戏是完全可以接受的，但不要让它变得咄咄逼人、一意孤行。保持你仁慈的领导角色，在游戏开始的时候，让它"坐"或"不动"。在游戏结束的时候，也给它一个声音或手势，让它知道游戏时间结束了。

当你牵着狗狗遇到另一只被牵着的狗狗时，放松它的绳子，让狗狗保持冷静、自信的姿态，使它们能友好地相互认识。

行为类型：焦虑／压力 p179、寻求关注 p179、害怕 p182、高兴 p182、嬉戏 p183、顺从 p185

22 张着嘴嗅探

- 当狗狗嗅来嗅去的时候，嘴巴呈"O"形。
- 当你和新狗狗共度一段时光后，你的狗狗会张着嘴嗅你的裤腿。

品种

- 美国猎狐犬
- 巴吉度猎犬
- 比格犬
- 寻血猎犬
- 斗牛犬
- 猎浣熊犬
- 腊肠犬
- 巴哥犬
- 西伯利亚哈士奇

? 狗狗为什么会这样

养了狗狗，你才会知道鼻子的用途。狗狗的嗅觉要比你的嗅觉强一千多倍。其中一个原因就是狗狗上颚附近有一个犁鼻器，这使它的嗅觉更灵敏。

狗狗用它们的鼻子行进、追踪、嗅探空气。嗅觉猎犬，如寻血猎犬和比格犬，会依靠闻嗅猎物气味追踪猎物。在闻嗅某个区域的时候，它们会张着嘴，用来确定某种特殊气味。

✓ 你该怎么做

你的狗狗用它强大的嗅觉来收集线索和信息，就像人类侦探处理案件一样。

当你和朋友的新狗狗共度一段时光之后，让你自己的狗狗嗅你的衣服几分钟，以收集那只狗狗的信息。保持镇静，不要呵斥它。让它熟悉新狗狗的气味，这样当它们真的相见时，将会进行友好的互动。

 兽医笔记

短鼻品种，亦称短头品种，如巴哥犬或斗牛犬，很容易因感染导致呼吸问题。它们不能忍受长时间暴露在高温下，张开嘴巴的表情可能会演变成过度喘息。

行为类型：**好奇 p181、捕猎 p184**

23 舔嘴唇

- 狗狗的嘴不仅仅用来吠叫、吃喝，还是狗狗心情的一面镜子。
- 就在一瞬间，你的狗狗用舌头把你放在它鼻尖上的花生酱舔掉，像汽车的雨刷器一样。
- 有些害羞的狗狗会在和其他狗狗见面时，飞快地用舌头舔一下鼻子。
- 在敏捷性训练中，狗狗很可能被一些新动作阻挠，当它们试图寻求解决方法时，也会舔嘴唇。

品种

- 这个表情不限于特定品种。

狗狗为什么会这样

在狗狗相互介绍认识的时候，狗狗可能会因为感到不安、不确定而舔嘴唇。当它第一天和一班陌生的狗狗进行口令训练时，也可能因为紧张而舔嘴唇。狗狗通过舔嘴唇的方式对它的狗狗同学说："我想要让你们知道我没事。"

一些焦虑的狗狗会不断舔嘴唇，向旁边瞥，向上看，露出下眼白。这就和人一紧张就咬自己的指甲一样。

狗狗参加口令训练、敏捷性训练或参加其他正式课堂时，需要学习掌握不同技能，狗狗可能会因为专注而反复舔嘴唇。

低级别的狗狗或狗崽会通过舔嘴唇或高级狗的口鼻来表达对高级别狗狗或成年狗的顺从和尊重。

把花生酱或加工过的奶酪涂在狗狗的鼻尖上，它们就会高兴地用舌头把鼻子舔干净，并享受口中的美味。当你打开烤箱，准备拿出里面烘焙的食物，或当狗狗感觉你在准备散发强烈诱人香味的食物时，它们也会舔自己的嘴唇。

你该怎么做

在你带狗狗去上第一节口令训练课或其他训练课程之前，带它去跑步，来一次愉快的散步，或进行一场畅快的接取游戏，这样做是为了以一种积极的方式引导它释放能量。当狗狗第一次进入课堂的时候，虽然会感到一点点疲劳，但更多的是放松。

当狗狗在你准备饭菜时乞讨食物，千万不要向它屈服。它会为了赢得食物而用尽手段，一直盯着你，或许还会有小抱怨，甚至舔它的嘴唇。在你准备饭菜的时候，把狗狗挡在厨房外面，或者让狗狗在另一个关好门的房间里玩玩具。

兽医笔记

如果狗狗口腔疼痛、嘴巴或鼻子受伤，它也会一直舔嘴唇，这时需要带它看兽医。

患有强迫症的狗狗不能戒掉重复性行为。它们很可能在转圈或走来走去的时候舔自己的嘴唇。

行为类型：焦虑/压力 p179、害怕 p182、强迫症 p183、嬉戏 p183、悲伤 p184、顺从 p185

24 嘴巴放松地张着

○ 舌头盖住下面的牙齿，柔软地挂在嘴巴的一侧，或从嘴里直接垂下来。

○ 眼神温柔，并非凝视，耳朵向上或向前支着。

品种

- 边境牧羊犬
- 松狮犬
- 芬兰猎犬
- 德国牧羊犬
- 金毛寻回犬
- 大白熊犬
- 英国古代牧羊犬
- 巴哥犬
- 舒柏奇犬
- 西伯利亚哈士奇

? 狗狗为什么会这样

这是狗狗的超级大微笑。某些品种狗狗的笑容会更大些，特别是那些口鼻处较长的狗狗，如德国牧羊犬和金毛寻回犬。

当自信、高兴的狗狗在某个环境中感到安全时，通常会露出张开嘴巴的表情。它们认为没有什么危险或问题，沉浸在放松、愉快的心情中。

有些狗狗会在用力的奔跑和热烈的接取游戏之后，张开嘴大口喘息。如果你的狗狗身体过热，把它的爪子浸在凉水里，注意，不能是冰冷的水，这样可以帮助它安全地降低体温。

✓ 你该怎么做

和你的爱犬一起分享美好的心情，给它来一个腹部按摩或者开心地唱一首带有狗狗名字的儿歌。它才不在乎你是不是唱歌跑调呢——它爱这种积极的关注。

放纵它一次吧，让狗狗玩一会儿游戏或给它最喜欢吃的食物，但是注意，千万不要让它变得专横固执、咄咄逼人。

 兽医笔记

关于这个表情，没有具体的医学建议。

行为类型：喜爱 p178、寻求关注 p179、自信 p180、高兴 p182

25 嘴巴紧闭

○ 你专注的狗狗在对你说："请等一下，我在确认某个东西，需要集中注意力。"

○ 把这个姿势看成是狗狗无言的警告，不要再靠近，否则它很可能会扑上来咬你。

• 这个表情不限于特定品种。

 狗狗为什么会这样

一只保持警惕或好奇的狗狗会闭着嘴、竖起耳朵、睁大眼睛。它会四足站立，轻轻摇晃身体，尾巴抬起或缓慢摆动。

一只焦虑或害怕的狗狗也会闭着嘴，但是耳朵会向后拉，或耷拉着贴在头上。它的身体很紧张，可能会发出低沉的哀鸣或呻吟。你可以看到它的眼白。

一只占统治地位、凶猛好斗的狗会闭着嘴，昂首站立，身体僵硬紧绷，脖子上的毛竖立。在进攻之前，它会亮出牙齿，发出低沉的咆哮。

你该怎么做

在你对狗的情绪作出快速判断之前，向后退，仔细观察它的身体语言。如果你仅靠紧闭的嘴巴做判断，很容易误读狗狗的真实情感。

如果两只狗狗嘴巴紧闭，相互凝视，那就把它们分开。

 兽医笔记

关于这个表情，没有具体的医学建议。

行为类型：攻击 p178、焦虑／压力 p179、好奇 p181、支配 p181、害怕 p182、捕猎 p184

26 歪着头

- 有些细心的狗狗会关注你的聊天内容，它们把头歪向一侧，眼睛一眨也不眨。
- 有些狗狗学会了有节奏地摆头。
- 挪威伦德猎犬可以将头沿着脊柱向后倾。
- 不用发出任何叫声，你的狗狗就可以用这个姿势告诉你"我在全神贯注地听，所有的注意力都在你身上"。

品种

- 澳大利亚牧羊犬
- 巴辛吉犬
- 伯恩山犬
- 边境牧羊犬
- 凯恩梗
- 吉娃娃
- 柯利牧羊犬
- 柯基犬
- 杰克罗素梗
- 挪威伦德猎犬
- 贵宾犬
- 巴哥犬
- 雪纳瑞犬

❓ 狗狗为什么会这样

狗狗会竭尽全力想要弄懂我们在说什么。它们会停下正在做的事情，一动不动地坐着或站着，竖起耳朵，一会儿看看这边，一会儿看看那边，一副放松但好奇的姿态。

下次有人的时候一定要仔细观察一下。你会发现，狗狗只会为自己面前的人来回摆头。这种行为特别明显，仿佛那个人在说一个有魔法的咒语。

如果有些狗狗想要捕捉某种模糊不清或奇怪的声音，它们也会歪着头，想要确定这是什么声音，是从哪里发出来的。狗狗非常依赖自己敏锐的听觉，以弥补它没有对生拇指和丰富词汇量的遗憾。

狗狗的耳朵有许多形状，有耷拉着的长耳朵，有竖立的尖耳朵。每只狗狗都有自己捕捉和感知声音的方法。

不受克制的歪头很可能是严重的疾病引起的，需要兽医的诊治。

✅ 你该怎么做

聪明的狗狗很快就会发现，这个可爱的动作会给它们带来许多奖励和赞扬。利用狗狗的歪头倾向，可以使训练课程变得更有趣。强化你希望狗狗做的动作，把它列入狗狗精通技能的列表里，用来取悦朋友和家人。

定期带狗狗上课，不仅可以培养狗狗的新技能，扩大"人狗交流"的词汇量，还可以强化你们的关系。你的狗狗会不遗余力地展现出它最好的一面，因为你已经通过始终如一的行动和语言证明了你真的是它最好的朋友。

同样重要的是，搞清楚当你的狗不看着你的时候，为什么还歪着头。它很可能提前听到了一个值得你注意的声音，比如一个送货人沿着你家门前的过道走来。如果你的狗狗发出这样的"警报"，请奖励你的狗狗，这是对它完成本职工作的认可。

 兽医笔记

有些狗狗不受控制的歪头，很可能是某些医学问题导致的，排在首位的是耳朵感染。狗狗的耳道里可能有耳螨、细菌或异物，如狐尾草。

其他较不常见的原因包括：对一些抗生素的毒性反应、癌症、脑炎、颅脑损伤、甲状腺功能减退或前庭疾病。

行为类型：寻求关注 p179、好奇 p181、强迫症 p183

27 打哈欠

- 你会看到狗狗张大嘴巴，呼出一口气，也或许呼两口气。
- 因为嘴巴大张，所以眼睛就闭上了，耳朵通常是向后的。
- 你一定是刚刚带着狗狗进行了一次精力充沛的长时间徒步旅行，或者让它翻了十五个滚。

品种

- 澳大利亚牧羊犬
- 边境牧羊犬
- 史宾格犬
- 杰克罗素梗
- 贵宾犬

狗狗为什么会这样

打哈欠更多表现的是压力而不是疲倦。这是狗狗使用的让自己镇静的主要方法之一。就像当一个人发觉一场激烈但不必要的争论即将爆发，他会突然转换话题一样。狗狗的哈欠也有这样的作用。这个动作可用来减少爆发性局面的发生。

有些狗狗，特别是那些聪明的狗狗，会很快掌握新的技能，因此它们会对漫长、重复的课程感到厌倦。它们开始打哈欠，或用后爪挠自己的头，来释放压力。从全神贯注的状态中稍微开个小差，然后重新变得活力满满。

就像人类一样，狗狗在对乏味的事情感到无聊和厌倦时也会打哈欠。当它们看到另一只狗或人打哈欠时，也会打哈欠。打哈欠会传染，没人知道为什么。

你该怎么做

如果你注意到狗狗开始打哈欠，应当把狗狗从高强度的持续课程中带出去休息一下。它正在告诉你它需要休息。狗狗在迷你课堂上学习效果最好，慢慢让狗狗学习新的本领，一步一步慢慢来，让每一次训练课都有收获。

在听课、敏捷训练或其他能力培训中，与狗狗的交流要清晰简洁。如果你给狗狗一些令人困惑的信号或含糊不清的指令，想要取悦你的狗狗可能就会打哈欠，因为它感到压力和焦虑。如何让一只焦虑的狗狗平静下来？首先吸引它的注意力，舔舔你的嘴唇，然后自己也打个大大的哈欠。

不要让狗狗每天的散步变得单调乏味。改变一下路线，带它到一个新的地方，或者邀请狗狗的犬类小伙伴和它的主人也加入你们。

 兽医笔记

研究显示，打哈欠有助于降低狗狗的血压，并有助于狗狗在紧张的状态下保持镇静，同时增加运送到大脑的氧气，并提升心率。但长期焦虑或紧张的狗狗可能需要镇静药物。

有经验的兽医通常会用平静舒缓的语气对检查室里害怕得发抖的狗狗讲话。作为回应，狗狗会站起来，摇晃身体，打一个大大的哈欠，摆脱自己内心的焦虑。

28 打喷嚏

- 狗狗正和你玩得高兴。
- 糟糕！狗狗的鼻子里塞了狐尾草，但是没办法弄出来。
- 张大嘴巴打喷嚏，或许接连打两次。
- 因为嘴巴大张，所以眼睛就闭上了，耳朵通常是向后的。

品种

- 英国斗牛犬
- 法国斗牛犬
- 北京犬
- 巴哥犬
- 苏格兰牧羊犬

❓ 狗狗为什么会这样

打喷嚏是狗狗最方便的安全阀。如果狗狗因太好奇而去闻一朵花或一片植物，它很可能会意外地吸入一只蜜蜂或异物。它会用打喷嚏的方式把异物从鼻孔中喷出来。

打喷嚏可能是呼吸道感染的早期症状，是鼻黏膜受到刺激的一种表现。幼犬的免疫系统仍处于不断强化的阶段，因此与接种过疫苗的成年狗相比，幼犬患上呼吸道感染的风险更大。有些原因目前尚不清楚，体形较小的狗狗在与其他狗狗或它们喜欢的人玩耍时，往往会快速而短促地打喷嚏，并伸出爪子。从医学上讲，狗狗没有什么问题，这些狗狗只是兴奋而已。就像人发现手中的彩票中奖之后，会欣喜地跳起来一样。

✅ 你该怎么做

留心一下狗狗是从什么时候开始打喷嚏的，是你们从林中散步回来以后吗？如果是的话，它们很可能会因为嗅得太用力，把毛刺或其他异物吸入了鼻腔。

从头到尾仔细检查狗狗，看是否有异物，特别是狗狗鼻子里或脚趾间。健康的狗狗鼻子是湿的，也可能是干的。但生病的狗可能会打喷嚏、流鼻涕，鼻头皲裂或极度干燥。

如果狗狗的喷嚏发作只发生在春季或初夏，那么你的狗狗可能对花粉或草有季节性过敏反应。

🩺 兽医笔记

狗狗持续打喷嚏可能是对狗粮中的某种成分过敏，如玉米或小麦，也可能是对环境中的某些东西过敏，如草、花粉、霉菌、香烟或香水。可以让兽医做过敏原测试以确定过敏原（变应原）。

由细菌或病毒，如博德特拉菌、巴兰病毒、链球菌，引起的上呼吸道感染也会让狗狗打喷嚏。

如果你在狗狗的鼻腔分泌物中看到血液，请立即寻求兽医帮助，这可能是肿瘤或牙脓肿的迹象。如果狗狗每天打喷嚏超过四五次，或者持续几天，也要去看兽医。

行为类型：寻求关注 p179、高兴 p182、嬉戏 p183

29 咬空气

- 你的狗狗在空气中咬来咬去，想抓住想象中围着它脑袋嗡嗡作响的飞虫。
- 在重复这个行为的同时，狗狗很可能会一直舔自己的前腿。
- 狗狗不会发出什么声音。
- 当狗狗快速转向一侧时，脸颊可能会鼓起来。

❓ 狗狗为什么会这样

你没有看见任何昆虫，但狗狗却突然僵住了，然后抬起头，猛地冲着空气咬去，好像在咬空中飞过的害虫。在极端情况下，这种情况被称为"咬飞蝇（fly biting）"。

咬空气行为会和其他强迫症结合在一起，如追自己尾巴或假装爪子疼。在醒着的时间，这种行为可能会愈演愈烈。

然而，一些快乐、自信的狗狗会像鳄鱼一样向空中猛地咬一口，然后快速向旁边扫一眼，想要引诱它们最喜欢的人一起玩耍。这是一种友好的、寻求关注的行为。

✔️ 你该怎么做

为了维护较高的地位，此刻你是否回应狗狗玩耍邀请的决定是非常重要的。注意不要总是丢掉你正在做的事情，屈服于狗狗咬空气的动作——否则它会变得咄咄逼人并要求过多。

如果你的狗狗似乎一直在捕猎一些想象中的飞虫，不要认为咬空气的动作仅仅是怪诞或无害的行为，也不要让你的狗狗咬空气的行为升级或持续时间变长，你需要和兽医合作，最好是内科或神经学方面的专家，一起找出这种行为的根本原因，并提出治疗方案。

品种

- 比格犬
- 比利时坦比连犬
- 查理士王小猎犬
- 德国牧羊犬
- 金毛寻回犬
- 荷兰毛狮犬
- 贵宾犬
- 喜乐蒂牧羊犬
- 西伯利亚哈士奇
- 维兹拉猎犬

 兽医笔记

兽医神经学家怀疑强迫性、不可控的咬空气行为可能与一种复杂的部分性癫痫发作有关。这是一种脑失调疾病，导致狗狗反复地进行咬空气行为。而且某些品种的狗狗遗传癫痫的风险更大。专家认为咬空气的狗狗可能产生了幻觉，但尚无明确证据证明此种观点。

狗狗可能患有一种叫作玻璃体飞蚊症的眼疾，眼睛里充满了流动的小碎片。狗狗看到眼前的黑点，就会以为这些是飞虫。可以用一种特殊的眼内窥镜来诊断该疾病。

行为类型：寻求关注 p179、高兴 p182、强迫症 p183、嬉戏 p183

30 高声吠叫

- 饥饿的幼犬会发出一连串撕裂耳膜的尖叫。
- 见到喜欢的人或玩伴时，狗狗会发出尖锐、短促的叫声。
- 一只松鼠从狗狗身边跑过去，狗狗会一直吠叫，你几乎没有办法让它安静下来。

品种

- 比格犬
- 吉娃娃
- 柯利牧羊犬
- 喜乐蒂牧羊犬
- 约克夏梗

 兽医笔记

关于这种声音，没有具体的医学建议。

 ## 狗狗为什么会这样

当狗狗被独自撇在一边，感到烦躁的时候，狗狗会用尖锐、拖长的吠叫来宣泄自己的不满，而且吠叫声之间还有停顿。狗狗变得越烦躁，吠声就越高，拖得也越长。

高度社会化的狗，已经习惯于和其他狗或它们最爱的人在一起。当把它们独自留在酒店房间或其他陌生的新环境中时，它们会在绝望中发出这种声音，试图缓解自己的焦虑。

有些狗狗喜欢发出两三声高亢、短促的吠声来欢迎熟悉的人和自己的犬类朋友，以此来表达对他们的爱。

如果狗狗猝不及防，被吓了一跳，它也会发出几声尖锐、短促、高声的吠叫，好像在说："嘿，这是什么？"

你该怎么做

狗狗的吠叫，无论以何种形式，都是一种狗狗用来表达它们对犬类世界一切事物情感的方式。在你做出反应之前，弄清楚你的狗狗为什么吠叫。

对于一只焦虑、高声吠叫的小狗，溺爱只会增加它的焦虑问题。相反，用冷静、自信的口吻和它讲话，可以减少它的压力。

行为类型：焦虑／压力 p179、寻求关注 p179、高兴 p182、嬉戏 p183

31 快速吠叫

- "汪汪汪"的叫声非常快，就像警报声一样。
- 如果狗狗不能捡回自己最心爱的球，叫声的节奏就会越来越快，声调也越来越高。
- 当你牵着狗狗散步时，如果它发现了一只流浪猫，狗狗的叫声会变得更加急迫。

品种

- 吉娃娃
- 大麦町
- 迷你雪纳瑞
- 西高地白梗
- 约克夏梗

？ 狗狗为什么会这样

有些狗狗不信任陌生的人或狗，一旦有陌生人或狗接近，它们会以快速的吠叫向家庭中的上级成员发出信号。

如果突然有人按你家门铃，把在另一个房间小憩的狗狗吓了一跳，也会引发狗狗的快速吠叫。

这种吠叫形式会随着狗狗的成熟而进化。成年的狗狗俨然已经成为家里的一员，它也有自己的工作：通过发出警报来捍卫草坪。

✓ 你该怎么做

训练狗狗，让它学会在听到门铃响时注意你发出的信号。它应该学会离开门口，到地毯或楼梯平台上等待，这样你就不会在开门时碰到它。

承认它的发现，用平静的语气对它说："好了，我知道了，到你自己的地方去吧。"

大喊着让狗狗停止吠叫只会适得其反，这种方法只会让它叫得越来越厉害，因为它会认为你加入了它的"吠叫合唱团"。

 兽医笔记

关于这种声音，没有具体的医学建议。

行为类型：焦虑 / 压力 p179、寻求关注 p179、好奇 p181、专横霸道 p181

32 重复吠叫

○ 狗狗用同样的音调、同样的节奏一遍又一遍地
  重复着同样的叫声，似乎在打破某项记录。

○ 在正式追逐猎物的时候，嗅觉猎犬会重复吠叫，
  提醒主人到自己这边来。如果在狗狗公园看到
  松鼠，狗狗也会这样。

○ 把狗狗独自留在后院一整天，它就会不断发出
  单调的吠叫，这会惹得邻居很不高兴。

品种

- 澳大利亚卡尔比犬
- 澳大利亚牧羊犬
- 边境牧羊犬
- 凯恩梗
- 可卡犬
- 贵宾犬
- 喜乐蒂牧羊犬

? 狗狗为什么会这样

最常见的使狗狗重复吠叫的原因其实很简单：它们很无聊，缺乏心理或身体刺激阻止它们的吠叫。这些狗狗有滔滔不绝讲"犬类废话"的本领。

不停地吠叫也是狗狗发送的明显信号，在狗狗看来，它的需求没有得到满足。因为狗狗不会讲英语——当然其他人类语言也不行，所以它正在尽最大努力去表达，它的世界里有什么东西不对劲儿。

承担放牧职责的狗狗，如边境牧羊犬或澳大利亚牧羊犬，它们会在放牧时发出急促、重复的吠叫，使牛羊聚在一起。

那些长期被关在笼子里的狗狗，会因为极度的沮丧而变成讨厌的吠叫者。把控狗狗被关在笼子里的时间，每天至多五六个小时。

✓ 你该怎么做

一句话：动起来！你的狗狗迫切需要去做一些事情，任何事情都可以，这能使大脑发挥作用，让它锻炼身体。不要在工作的时候天天都把它独自留在家里，给狗狗一些耐咬的东西，或者每周抽几天送它去狗狗日托中心。

确定狗狗过度吠叫的原因，寻找一下"为什么"。你的狗狗可能不喜欢长时间被关在笼子里，又或者它已经发现重复的吠叫能引起你的注意。

如果邻居家的狗狗是位噪音制造者，那么向犯错者的主人介绍自己，告诉他们你愿意一起合作，找到解决办法，以恢复邻里间的安静。你可以建议他们给狗狗一些可以吃很长时间的食品，比如在一个中空的硬橡胶玩具中塞满奶酪、干狗粮或花生酱。同时，告诉他们有一些特殊的狗项圈，可以通过释放香茅喷雾来抑制狗狗过度吠叫。

🩺 兽医笔记

挫折引起的吠叫还会导致一些破坏性行为，如用爪子挠门或啃咬家具。狗狗的爪子和嘴巴会因重复抓挠啃咬而受伤，需要兽医的治疗。

行为类型：寻求关注 p179、无聊 p180、悲伤 p184

33 咆哮

○ 当狗狗准备攻击时，它会先吠叫，露出牙齿，喉咙间发出低沉的
　 "呃——"。

○ 这通常是狗狗发动攻击前做出的最后一次语言警告。

○ 全身心投入拔河比赛的狗狗也会在游戏过程中发出挑衅的咆哮。

兽医笔记

　　受伤的狗狗在检查时可能会因为疼痛而咆哮。幸运的是，用于狗狗的镇痛药剂，在研发上已经取得了很大的进步。然而，在把受伤的狗狗送往诊所时，仍然需要给它戴上安全口套，防止它因为疼痛而咬你。

狗狗为什么会这样

咆哮的声音可高可低，持续时间也长短不一。各种狗狗，不分体形、品种和年龄都会发出这样的声音。

受到惊吓而紧张不安的狗狗，随时作好防卫的准备。如果你再靠近一点，它就会发出高亢的咆哮。

占有统治地位、自信且凶猛好斗的狗狗会发出一种低沉的咆哮，似乎是从胸膛发出的声音，它在命令你，而不是要求你，后退，否则它就要发起攻击了。在狗狗攻击之前，咆哮声会变得越来越强烈。

资源保护型犬为了保持对珍贵财产的控制权，会发出咆哮。它们已经了解，必须通过咆哮来制订规则。

年纪大的狗狗发出咆哮，是为了让嬉闹的幼犬离它们远一点儿。

并非所有的咆哮都代表着凶猛。自信、社会化良好的狗狗会在活跃的游戏中发出低沉的咆哮，它们还会鞠躬，展现出温柔的眼神和放松的身体，邀请你玩耍——在犬类世界里，这是表达无上的敬意。

有些狗，比如德国牧羊犬，经过一系列的训练会成为警犬。在面对犯罪嫌疑人时，它们会根据驯化人员的暗示咆哮。

你该怎么做

不要迅速接近陌生的狗狗，也不要和它正面相对，尤其是在它咆哮的时候。在狗狗的世界里，咆哮意味着威胁。静静地站在那里，如果狗狗愿意的话，让它走近你，嗅嗅你。或者，为了你的安全着想，离它远远的。

分析一下狗狗咆哮的原因，你的行为一定要谨慎小心。如果狗狗因为咆哮而受到过体罚，那它很可能会毫无预警地发起攻击。这非常危险，请与一位专业的狗狗训练师合作，来解决狗狗的易怒问题。

利用行为矫正技术，重新训练资源保护型犬。让你家专横霸道的狗狗理解这样一个概念——天下没有免费的午餐。拿一个特定的玩具，设定好开始和停止时间，让狗狗进入"坐下"或"停"的姿势练习，只有做对了，才能赢得游戏。这个练习的目的是扭转狗狗对你的看法，你不是它的仆人，而是地位高于它的主人，一个拥有所有好东西的仁慈的主人。

- 这种声音不限于特定品种。

34 嚎叫

- 有人对卡拉 OK 感兴趣吗？欢迎来到"小狗迈克之夜"。
- 狗狗不需要移动电话就能进行远距离通信——嚎叫就是免费又有效的方法，可以让狗狗找到另一群成员。
- 在狩猎的时候，如果嗅觉猎犬锁定了猎物的位置，就会嚎叫起来。
- 某些北欧的犬类品种，不需等到满月，就会演唱灵魂之曲。

品种

- 阿拉斯加雪橇犬
- 巴吉度猎犬
- 比格犬
- 猎狐犬
- 西伯利亚哈士奇

狗狗为什么会这样

众所周知，狼和郊狼是两种以声音闻名于世的物种。作为它们的后代，大多数狗狗嚎叫和吠叫一样自然也就不足为怪了。嚎叫是狗群中成员用来交流位置所发出的声音。此外，离群迷失的狗狗也会发出嚎叫，提醒别的成员来寻找它。

狗狗嚎叫的由来尚不清楚，但早在几个世纪前的民间传说里，当身边有鬼魂或死神降临，或有人即将死去时，狗狗就会嚎叫。

狗狗的听觉比人类灵敏得多。汽笛的声音对它们来说可是一种恼人的高音，一些狗狗嚎叫，发泄它们的不满。还有，说句实话不要生气，有些狗狗会对着唱歌跑调的人嚎叫或加入他们的演唱队伍。

狗狗能够学习几十个单词，而且有些品种，特别是西伯利亚哈士奇，喜欢发出快乐的嚎叫来和你交谈。

其他狗狗在哀悼自己喜欢的人或狗时，也会过度嚎叫。

你该怎么做

如果你的狗狗每次听到汽笛声就嚎叫，甚至从电视上听到也会如此，那么你需要和专业驯犬师一起合作，利用减敏和反调节技术帮助狗安静下来，并减轻它的压力。

对着狗狗大喊大叫不能阻止狗狗嚎叫，应该让它知道，安静下来就会有奖励。当狗狗不发出任何噪音时，先随意地给它少量健康的美食，让它安静地等五到十秒钟，然后再给它食物或最喜欢的玩具。你用这样的办法教它——嚎叫得不到任何东西，相反，安静倒是能得到很多。

你也可以训练狗狗，让它在收到某个特定提示时发出声音，引导它用适当的嚎叫表达自己的需求。

兽医笔记

当狗狗受到严重的分离焦虑症折磨时，也会过度嚎叫。分离焦虑症的其他症状还包括：踱步、随地便溺或破坏性啃咬。兽医可能需要给这些狗狗开抗焦虑药物。

35 喘气

- 人类会因为紧张而手心冒汗，而狗狗们面临这种情况就会大口喘气。
- 狗狗创造了寻回东西的最佳纪录，需要停下来喘口气。
- 筋疲力尽的狗狗会张开嘴巴，伸出舌头，发出沉重而急促的呼吸声。

兽医笔记

　　短头型犬类鼻子短，或脸凹进去，和那些口鼻处很长的犬类相比，会有更多呼吸困难等问题，因此这些狗狗面临更大的风险。由于它们的面部结构，这些狗狗很难降低体温，而过高的体温会导致热应激。

　　如果除了喘息还有其他症状，如呕吐、腹泻或腹部肿胀，就需要立即带狗狗去看兽医。

　　有心脏病或肺病的狗狗很容易喘不过气来，往往会导致过度喘息。

狗狗为什么会这样

狗狗感到太热、太害怕或体力耗尽时就会大口喘息。上述原因都会导致狗狗体温升高。

对于健康的狗狗来说，正常的体温范围为38℃～39℃，如果狗狗的体温比正常体温高出几度，狗狗就会用力喘气，因为它拼命想把自己的体温降下来。狗狗无法像人类一样通过皮肤毛孔排汗，它们通过脚垫排汗。非常热的狗狗会因为脚掌的汗液而在地板上留下湿湿的脚印。

有些狗狗大口喘气是因为它们感到害怕、焦虑或紧张，这些情绪会导致体温升高，引发过度喘息。

运动过度的狗狗也会大口喘气。有些狗狗沉迷于玩接取游戏，一直跑来跑去，直到最后筋疲力尽。

品种

- 美国斗牛犬
- 波士顿梗
- 拳师犬
- 查理士王小猎犬
- 英国斗牛犬
- 爱尔兰长毛猎犬
- 北京犬
- 巴哥犬
- 西施犬

✓ 你该怎么做

如果你的狗狗因为太热而呼哧呼哧喘气，把它带到通风的地方，把它的爪子放在凉水中或用凉水浸湿的毛巾裹住狗狗身体，使狗狗体温慢慢下降。爪子是狗狗排汗的地方，可以帮助它们恢复正常的体温。不要把狗狗放在冰冷的水中，这种极端的温度变化会使狗的身体难以承受。

千万不要把狗狗关在箱子里，放在房间一角，还在上面覆盖一条毛巾，这样就会不通风，而狗狗也会因为过热而喘息。当然也不要把狗狗留在密闭的车里，车里的温度跟烤箱的温度差不多。

不要让狗狗过度运动，特别是不要在炎热的天气里，带狗狗进行路程过长的长跑运动。慢慢增强它的耐力，等天气凉爽的时候再安排跑步。

参加宠物急救班，学习如何识别正常行为和以喘息为早期征兆的危险情况，以便迅速察觉那些不安全的变化。

行为类型：焦虑 / 压力 p179、害怕 p182、强迫症 p183、嬉戏 p183

36 哀鸣

- 当狗狗发出这种高亢的鼻音时，嘴巴通常是闭合的。
- 狗狗不想在屋子里小便，迫切地需要有人开门把它放出去。它实在忍不住了，想要快点到后院去——立刻！
- 你的狗狗远远看到它最喜欢的小伙伴已经在狗狗公园里，它在请求你快点走，为它解开牵引带，让它能一下子冲过去。
- 在当地的动物庇护所的狗狗会扑到关它的笼子前方，发出哀怨的呜咽，希望能被你收养。
- 如果让幼犬单独待几个小时，它们会因为害怕而发出哀鸣。

品种

- 卷毛比雄犬
- 查理士王小猎犬
- 英国玩具可卡犬
- 日本狆
- 马尔济斯犬
- 迷你贵宾犬
- 博美犬
- 西施犬
- 玩具贵宾犬
- 约克夏梗

❓ 狗狗为什么会这样

狗狗发出的哀鸣，有些只是自私的抱怨，有些则在真正地表达"我需要帮助"。体形小的玩具犬经常会发出这类请求哀鸣，因为它们发现，这些虚假的请求可以赢得主人更多的关注和宠爱。这些狗狗会发出惹人怜爱的哀怨，只为赢得你盘子里的一块牛排。当它们想进房间的时候，也会在门后向你发出渴望的哀鸣。

狗狗和孩子及某些成人一样，当事情发展得不顺利或有人胆敢拿走它最喜欢的玩具时，它们就会乱发脾气，发出哀鸣。

然而，当狗狗处于痛苦中或极度需要帮助时，会发出凄厉的哀鸣。不小心被关在门外的狗狗，会发出哀号，并用爪子挠门，想要进来。

幼犬会在第一次和妈妈分离时发出哀鸣，因为它们觉得孤单和恐惧。在未知的环境里，幼犬想知道妈妈和它的兄弟姐妹在哪里。

❓ 你该怎么做

一定要坚强，千万不要屈从于它提出要求的哀鸣。如果你每次都迎合它的突发奇想，那你就被它操控了。让它表演一项技能来赢得奖励。它必须先坐下，然后你才会打开门，让它去后院。或者在你奖励它健康的美食之前，它必须停下来等候。用平静的语气表扬它，这样它才不会兴奋过头。

有些狗狗在接受笼内训练时会发出哀鸣。在笼内铺一张厚厚的毛绒垫或毯子，把笼子打造成一个舒适诱人的犬舍，并为狗狗提供安全的咀嚼玩具和水。把笼子放在狗狗觉得安全的地方，最好不要靠近前窗，因为如果有人走过你家门前的过道，它会因为无法防卫而感到不安。

🩺 兽医笔记

如果你的狗狗突然哀鸣，但你却找不到原因，那就请兽医检查一下，因为狗狗可能存在一些潜在的健康问题。

如果手术后的狗狗发出哀鸣，也许应该使用镇痛药。

行为类型：焦虑／压力 p179、寻求关注 p179、害怕 p182、嬉戏 p183、悲伤 p184

37 狂吠

- 这种急促、迫切的吠叫表示你的狗狗现在就需要答案——没错，就是现在。

- 在狗狗最惹人讨厌的吠叫排行中，狂吠位列榜首。

- 狂吠的狗狗通常不是因害怕或疼痛——它们只是非常不耐烦。

- 如果身边有这样的狗狗，你可能希望找个耳塞堵住耳朵。

品种

- 万能梗
- 波士顿梗
- 吉娃娃
- 法国斗牛犬
- 爱尔兰长毛猎犬
- 迷你杜宾犬
- 挪威猎鹿犬
- 北京犬
- 雪纳瑞犬
- 喜乐蒂牧羊犬

❓ 狗狗为什么会这样

狗狗的吠叫有各种各样的声调，可以表达多样的情绪，包括焦虑、兴奋、无聊、嬉戏、保护领土和攻击。狗狗狂吠最常见的原因就是它们极强的地盘意识。在狗狗世界里，狂吠声是在清楚地地对入侵者说："嘿，这是我的地盘，谁准许你进来的？"

有些狗狗是天生的狂吠者。在这项天赋上名列前茅的是那些被培养用来发出警报的狗狗，如梗犬或猎犬。这些狗狗的基因决定它们天生就善于沟通——只不过有时声音比较大。

偶尔，无聊的狗狗狂吠，只是为了打破一天的单调乏味。

兽医笔记

关于这种声音，没有具体的医学建议。

✓ 你该怎么做

经过训练，狗狗可以不叫，至少不会高声吠叫，但是不要期望只用一期的训练时间就可以达到这样的效果。一定要有耐心，从辨别让狗狗完全活跃的诱发物并去除这些诱因开始。例如：每当有被牵着的狗狗走过你家门前的人行道时，你的狗狗就会冲到前窗"汪汪汪"地叫个不停。那就不要让它靠近窗户，或者关上百叶窗。

如果你的狗狗听力很灵敏，对外面的声音会产生狂热的反应，那么打开收音机或者播放一些背景音乐来掩盖那些引发狗狗狂吠的声音。

你可以咨询专业驯犬师，为狗狗选择一个抗吠的项圈。当狗狗开始狂吠时，这种项圈会释放一阵香茅喷雾，或只是普通空气。狗不喜欢这种柑橘属植物的气味，尤其讨厌喷雾的声音。狗狗会觉得这非常烦人，并且很快就会意识到，如果它们不吠叫就可以防止喷雾和喷雾声音的产生。

正面面对你的狗狗，用手势，比如表示停止的手势，使它安静下来。什么也不要说，当它安静了几秒后，先给它一些奖励。然后逐渐延长安静的时间，等它做到了再给它奖励。你正在让它明白，只有当它找到自己的静音按钮而不再狂吠时，它才能得到它想要的。

行为类型：寻求关注 p179、无聊 p180

38 尖叫

○ 玩耍的时候，如果狗狗的玩伴太粗鲁，狗狗就会发出一声急促、尖锐的叫声，似乎在喊"哎哟"。

○ 地上的碎玻璃把爪子划破了，狗狗会发出温柔的尖叫。

○ 当上了年纪的狗狗太快挪动患有关节炎的身体时，它就会叫出来。

品种

• 这种叫声不限于特殊品种。

狗狗为什么会这样

狗狗不是演员，在表现疼痛的时候，它既不会假装也不会夸大。虽然它们有厚实的脚垫和皮毛，但还是会因为受伤或疾病而感到疼痛。无论在身体上还是情绪上，你的狗狗会在感到痛苦的时候呜咽或尖叫。

狗狗可能被门夹住了尾巴，或者跳起来接飞盘时，落地的姿势不对，导致肌肉拉伤，又或者它在狗狗大战中失败，受了很严重的伤，身体上有很多被咬得很深的伤口。

如果狗狗只发出一声尖叫，那就相当于人类喊了一声"哎哟"。但是如果狗狗发出一连串的尖叫，那是狗狗宣泄恐惧的一种方式。它迫切渴望离开这个令人害怕的地方，或者它在宣告投降。

有些狗狗会在受到惊吓时发出尖叫。最常见的一个例子就是，散步的狗狗正好走过车道上发出排气管回火声响的汽车，它会被这响声吓得一下子跳起来，发出一声尖叫。

快速成长的幼犬需要学习狗狗礼仪，特别是啃咬控制。在这种情况下，尖叫是用来告诉另一只小狗，在玩摔跤时它那像针一样的尖牙咬得太深了。

你该怎么做

不要对狗狗的尖叫置之不理，认为这只是狗狗寻求关注的一种方式。如果你听到狗狗的尖叫，那它真的迫切需要你的帮助。它不会因为无关紧要的小事而尖叫。

患有关节炎的狗狗需要你的帮助，来缓解关节的疼痛。可以考虑带你的狗狗去水疗班，或者学习治疗性按摩，帮助它缓解疼痛，同时改善它的血液循环。

为了提高关节灵活度，改善关节的活动功能，可以在狗狗的饮食中添加含有氨基葡萄糖软骨素或鲨鱼软骨素的犬类关节补充剂。但请咨询专业人士，确定合适剂量。

兽医笔记

狗狗一被碰触就会发出尖叫，说明狗狗可能有严重的擦伤、骨折或内部创伤，需要兽医的检查和治疗，甚至可能需要拍摄X光片来确定疼痛的位置。

多喂狗狗一些富含 ω-6 脂肪酸的食物，可以缓解关节疼痛。询问你的兽医，选择一款最适合狗狗品种、年龄、活动水平和医疗状况的狗粮。

行为类型：焦虑 / 压力 p179、寻求关注 p179、害怕 p182

39 舔、咬爪子

- 狗狗舔爪子的声音响了一整夜，简直要把人逼疯了。
- 你的松狮犬坐在院子里，一整天都在啃自己的脚。
- 白色的贵宾犬一直舔自己的脚，以至于它的脚变成了橙色，上面的毛都掉了。
- 狗狗一直坚持不懈地啃咬自己的爪子，导致爪子红肿发炎。

品种

- 俄罗斯猎狼犬
- 斗牛梗
- 松狮犬
- 英国斗牛犬
- 金毛寻回犬
- 大丹犬
- 大白熊犬
- 贵宾犬

❓ 狗狗为什么会这样

狗狗很可能只是想缓解由于过敏或甲床感染引起的爪子瘙痒。舔爪子也有可能发展为狗狗的一种强迫症行为。又或者狗狗正遭受外伤造成的神经损伤的折磨，在这种情况下，狗狗会咬它的爪子，因为它的皮肤感到不舒服，而它想缓解这种痛苦。

狗狗会舔爪子或咬爪子，是因为这样的动作能生成内啡肽，这是大脑中一种发出愉悦信号的化学物质。

然而，舔、咬爪子会形成一个恶性循环。狗狗刚开始舔、咬爪子，很可能因为它的爪子有些痒或不舒服，但是它的舔、咬会使皮肤感到不适。这种不适，反过来，加重了狗狗的舔、咬行为，这导致皮肤更加不适。

🩺 兽医笔记

如果你注意到狗狗一直在咬自己的爪子，查看一下，爪子上是否扎有明显的毛刺、尖锐物或狐尾草。

爪子上狗狗经常舔、咬的地方会变得红肿，逐渐形成嗜舔性皮肤炎。皮肤炎极易感染，需要兽医的治疗。

✅ 你该怎么做

在帮助狗狗解决问题之前，你需要弄清楚到底出了什么问题。如果狗狗舔、咬爪子，是因为它们觉得痒，那么它可能有过敏反应。带它去兽医院做过敏原测试。有可能它对某种食物过敏，又或者花粉才是罪魁祸首。如果狗狗的趾甲感染了，兽医可以针对这种症状进行治疗并缓解瘙痒。

有时，狗狗最开始是因为瘙痒才舔、咬爪子，但最初的问题解决后，这种行为却依然继续。如果发生这种情况，那说明狗狗产生了行为问题，而这种行为可能会因无聊和压力而加剧。你的狗狗需要来自专业人士的帮助。兽医可能会开些药来缓解狗狗的压力，使它戒掉舔、咬的习惯。动物行为学家也许能为狗狗找到一个解决办法，帮助它减少舔、咬爪子的欲望。

行为类型：焦虑／压力 p179、无聊 p180、强迫症 p183

40 啃咬物体

- 家人的鞋子上布满了狗狗牙齿刺穿的破洞。
- 沙发上的靠枕被撕碎，客厅地板上到处都是碎片。
- 咖啡桌少了一条腿，像倾覆的船一样倾斜。而这场混乱的中心是你摇着尾巴的狗狗，它正热情地向你打招呼。
- 你只不过出去了一个小时，发生了什么？狗狗为什么变成了一台咀嚼机器？

品种

- 美国斯塔福郡梗
- 比格犬
- 边境牧羊犬
- 拳师犬
- 乞沙比克猎犬
- 吉娃娃
- 金毛寻回犬
- 杰克罗素梗
- 拉布拉多寻回犬
- 葡萄牙水犬
- 巴哥犬
- 雪纳瑞犬
- 西伯利亚哈士奇
- 斯塔福郡斗牛梗

? 狗狗为什么会这样

狗狗是不断探索研究周围环境的自然探险家，它们的座右铭就是三字真言：闻、尝、咬。出牙的幼犬需要咀嚼东西来缓解牙龈肿痛带来的不适。

有些行为问题也表现为破坏性咀嚼习惯。如果狗狗被单独留在家里很长时间，它们会啃咬护壁板或把卫生纸卷撕成碎屑。狗狗用这种方式来对抗心里的烦躁、不安和分离焦虑。有些狗狗特别依恋自己的主人。当主人不在的时候，它们通过啃咬不适当的物体来进行自我调节，使自己恢复平静。有些渴望得到关注的狗狗会选择一些带有你气味的物体，然后放肆地在你面前啃咬蹂躏。

充满能量但没有积极发泄途径的狗狗会啃咬一切东西。

狗狗的健康问题也会引发狗狗对自己身体的伤害性啃咬。狗狗如果生了跳蚤或对食物过敏，就会咬自己的皮毛、脚，以缓解剧烈的瘙痒。

 兽医笔记

患有严重分离焦虑症或雷电恐惧症的狗狗，可能会啃咬周围物品以期摆脱当前的状况。这样的狗狗需要兽医开具镇静药物。

啃咬自己皮毛的狗狗可能正在遭受皮疹或跳蚤的折磨。此外患有甲状腺机能减退的狗狗也会啃咬自己的身体。

✓ 你该怎么做

在给你的狗狗改名叫"大白鲨"之前，将注意力集中在狗狗啃咬东西的原因上。所有的狗狗，无论体形大小、年龄大小，都需要也都应该定期进行建设性的身体和脑力锻炼。就像人类一样，体育锻炼和大脑强化训练有益于狗狗的健康。记住，一只好好锻炼的狗狗才会是一只快乐的狗狗。

不要让每天的散步变得乏味，让狗狗投入其中，改变一下散步的路线、持续时间和节奏。在散步时学习新的技能能增添乐趣，一旦狗狗掌握新本领，一定要用美味的食物来奖励它。这样，等返回家中时，你们两个一定都会神采奕奕，关系也会变得更加亲密。

在把狗带回家之前，每个房间都要进行防狗咬处理，把那些诱惑狗狗啃咬的东西，如拖鞋或抱枕收起来，直到啃咬阶段过去。不要给幼犬一只旧拖鞋让它咬——你这是在教它，所有的拖鞋都是玩具。为狗狗提供一些合适的咀嚼物，如橡胶玩具或中空的合成骨头，你可以在中间塞上食物。

行为类型：焦虑 / 压力 p179、寻求关注 p179、无聊 p180、好奇 p181、害怕 p182

41 掏出毛绒玩具的填充物

- "终于不无聊了！"你独自在家的狗狗大声宣告，正准备撕烂自己的猴子玩具。

- 刚给你的混血猎犬一个崭新的毛绒玩具，十分钟后，你家客厅的地板上就扔满了白色波纹状的织物，而你家狗狗脸上正挂着胜利的笑容。

- 对不起，各位，狗狗可分不清哪个是狗狗的玩具，哪个是孩子的玩具。这就是为什么你家小宝宝的毛绒玩具熊现在只剩下了一张熊皮。

品种

- 比格犬
- 凯恩梗
- 可卡犬
- 猎浣熊犬
- 史宾格犬
- 猎狐犬
- 西伯利亚哈士奇

狗狗为什么会这样

尽管狗狗的驯养历史已经有几千年了，但它们从未失去捕猎的本性。虽然人类为狗狗提供了大量美味、健康的食物，但狗狗还需要也想要磨炼自己的狩猎技巧。由于缺乏真正的猎物，狗狗会跟踪并"杀死"假想中的猎物——毛绒玩具。在损毁毛绒玩具的狗狗种类中，梗犬、运动犬和猎犬等品种名列前茅。

有些狗狗用牙齿撕开玩具，把里面的填充物都掏出来，然后找到里面那个吱吱叫的部件，这时它们会非常高兴，就像是人类在糖盒里发现了中奖卡片一样。

极度无聊或焦虑的狗狗需要做些事情，啃咬东西是狗狗打发时间或抚慰疲惫神经的最好方法。掏空毛绒玩具会给狗狗带来成就感。如果狗狗精力过于充沛，这也是一种宣泄行为。

你该怎么做

当狗狗和毛绒玩具一起玩捕猎游戏时，在一旁看管它，及时清理掉出来的东西，这样它就不会因为吞下填充物而被噎到。

为了使掏空毛绒玩具的行为更具挑战性，把毛绒玩具包在旧T恤里，并把两端系好。把它放在盒子里或藏在其他地方，然后鼓励狗狗去狩猎吧，让它利用嗅觉把玩具找出来。所有这些策略都会提供狗狗所渴望的身体和脑力锻炼。

不断更换毛绒玩具可能比较费钱。引导你的狗狗玩一些更耐用的玩具，如中空的硬橡胶玩具。你可以在这些玩具中塞几块狗粮或涂抹些花生酱、奶油干酪、纯酸奶或其他狗狗喜欢吃的食物。

玩具的大小要和狗狗的体形相称，不要给狗狗一些容易被吞咽的小玩具。

 ### 兽医笔记

如果狗狗在匆忙掏空玩具填充物时，不小心把里面吱吱响的填充物吞下去，可能导致胃或小肠阻塞，需要手术治疗。如果狗狗有以下症状：腹痛、流口水、缺乏食欲、昏昏欲睡或呕吐，请及时带狗狗就医。

行为类型：焦虑/压力 p179、寻求关注 p179、无聊 p180、嬉戏 p183、捕猎 p184

42 拖着屁股滑行

品种

• 这种行为不限于特定品种。

○ 啊哈，还真会挑时候。过来聚餐的客人马上就要到来，这时狗狗拖着屁股滑过你刚刚清洁过的地毯，在客厅留下了一条深棕色的痕迹。

○ 当狗狗展示出极强的协调性，只用前肢用力支撑身体，用屁股在地上滑行的时候，你真是既感到厌恶，又感到惊奇。

○ 你的狗狗可能在说："毛茸茸地毯擦屁股的感觉是那么舒服，谁还需要卫生纸呢？"

狗狗为什么会这样

是时候上一堂犬类臀部解剖课了。狗的肛门两侧各有一个肛门腺，分别位于肛周的四点钟和八点钟位置。这种圆形小袋子会释放出一种恶臭的液体，虽然会使你感到恶心，但它充当着狗狗的身份证——为其他嗅探犬留下自己的详细信息。

狗狗拖着屁股穿过草地或地毯，是为了缓解肛门腺肿胀引起的疼痛和瘙痒。

狗狗的肛门腺问题很可能是饮食不当引起的。

体形大小很重要。相对于体形较大的狗狗，拖着屁股滑行在小型犬中更易发生。

 ### 兽医笔记

导致狗狗做出这种恶心、臭烘烘行为的两大罪魁祸首是肛门腺发炎和寄生虫感染，特别是绦虫感染。

兽医可能用手挤按出感染的肛门腺中的液体，也可能开一些抗生素。如果你的狗狗有绦虫或其他寄生虫，就要开驱虫药。

如果一直不治疗，肛门腺可能会破裂，这时就需要动手术来修复了。

 ## 你该怎么做

密切注意狗狗的排便习惯。当它在草地上"释放"之后检查它的屁股。如果你发现有粪便附着在肛门周围的毛上，擦干净并检查肛门腺。

检查狗狗的粪便是否有绦虫存在的迹象。这些寄生虫看起来就像未煮熟的大米。

请专业的狗狗美容师定期挤压狗狗肛门腺中的液体，防止里面的液体太满而使肛门感染。修剪狗狗肛腺周围的毛，减少皮毛沾染排泄物的可能。

到了展现你有多么爱狗狗的时候了。让狗狗美容师或兽医教你如何挤压狗狗的肛门腺。在给狗狗洗澡的时候就可以做，戴上乳胶手套，将黄褐色的液体挤到干净的纸巾上。

如果狗狗的大便不是太硬就是太软，请咨询兽医，选择合适的饮食，使狗狗的大便恢复正常。

43 游荡

- 不管你怎么做，狗狗总能从带有围栏的后院逃出去。
- 家里有人忘了关门，结果你到处都找不到你的西伯利亚哈士奇。
- 你经常会接到邻居或动物收容所的电话，说发现你的狗狗在街上徘徊。

品种

- 万能梗
- 比格犬
- 波尔多獒
- 平毛寻回犬
- 拉布拉多寻回犬
- 西伯利亚哈士奇

？ 狗狗为什么会这样

游荡的狗狗其实是在寻找什么东西。如果你的狗狗没有做绝育手术，那么它是在寻找自己的伴侣，而四处游荡是狗狗寻找伴侣的最好方式。性激素是强大的激励因素，带着繁殖下一代的目标，狗狗寻找任何可能的方法来摆脱束缚。雄性犬会在附近跑来跑去，寻找发情中的雌性犬的气味。发情中的雌性犬也会四处游荡，主动出击，使漫步的雄性犬可以找到它们。

通常狗狗一旦绝育，就会失去出去游荡的冲动。绝育手术之后的几个月，狗狗的性激素水平会下降，它们就会变得很宅，满足于待在家里，而且和家里的人类伙伴关系更密切。

无聊的狗狗在邻里之间徘徊，是想找些事做，或希望能找到一个小伙伴。有些被独自留在家的狗狗会因为焦虑不安而四处游荡。

✔ 你该怎么做

为了防止狗狗四处游荡，请给予它更多的关注，带它去更多锻炼。不要让它在外面停留太长时间。将它视为家庭必不可少的一分子，这样它和你的关系就会更密切，也会失去出去游荡的欲望。带它去散步，和它一起玩球，让它尽可能多地待在家里，这样它就可以和家人更亲近了。

无聊、焦虑或孤独的狗狗会寻求刺激和陪伴。如果你让狗狗在后院连续独自待上几个小时，它很可能会变得紧张，并且迫切需要寻求一些刺激。四处走走，看看邻里之间都发生了些什么新鲜事。对狗狗来说，没有比到附近逛逛更好的寻求刺激的方法了，这意味着去嗅嗅消防栓、探访其他狗狗，或者在路上遇到一个友好的人。

 兽医笔记

游荡是狗狗最危险的行为之一。四处游荡的狗狗很可能被汽车撞到，或在狗狗大战中受伤。

绝育手术是一种安全的手术，不仅减少了狗狗出去游荡的欲望，还降低了狗狗患癌症的概率。

行为类型：焦虑／压力 p179、寻求关注 p179、无聊 p180、好奇 p181

44 追逐动物

- 当你和狗狗散步时，如果它看见一只松鼠、鸭子或小鸟，就会立刻冲过去，力气大得好像要把你的胳膊扯下来。

- 可怜的猫咪！不管什么时候，穿过房间的猫咪身后总是跟着一只穷追不舍的狗狗。

- 你的邻居不想再和你说话，因为你的狗狗总是骚扰他的宠物。

品种

- 美国爱斯基摩犬
- 美国猎狐犬
- 边境牧羊犬
- 卡迪根威尔士柯基犬
- 杜宾犬
- 爱尔兰水猎犬
- 杰克罗素梗
- 萨路基猎犬

❓ 狗狗为什么会这样

追赶其他动物的狗狗认为自己发现了世界上最令人愉快的运动。问题是，在大多数情况下，对其他动物和牵涉其中的人而言，这并不是什么愉快的事情。

有些狗狗袭击其他动物，把它叼在嘴里，甚至咬这只可怜的小动物。对这些狗狗来说，这一切就是狩猎、捕捉和杀戮。还有些狗狗非常喜欢追逐，对这样的狗狗来说，追逐动物更像一种友好的运动，也是一种测试自己奔跑技能的方式。

有些狗狗，特别是那些牧羊犬，如边境牧羊犬和柯基犬，具有追逐目标动物的基因。一旦它们追赶上其他动物，就会把动物赶到特定的方向。对于这些狗狗而言，追逐动物就是它们的天性。

🩺 兽医笔记

如果你的狗狗跑得非常快，能够追上它追逐的动物，那么它可能会受到伤害。猫很可能会抓伤或咬伤追赶自己的狗狗，而马则会给靠近自己蹄子的狗狗致命一击。

✔ 你该怎么做

如果狗狗非常享受追逐其他动物的过程，而且已经到了危险的程度，甚至根本不听你发出的停止指令，那么你需要改变它追逐的目标。花些时间鼓励狗狗去追逐一个球，而不是其他动物，要让它知道骚扰其他动物是不可以的。

口令训练可以让狗狗知道你是它的领导。所以，当你向它发出"停"或"放开"的指令时，它会更听你的话。在训练早期阶段，用长牵引带拴住自己的狗狗，这样当它开始追逐什么东西时，你可以制止它。当狗狗停下来后，你要让它看着你，命令它"过来"，并用一些美味的食物把它引诱回自己的身旁。这样做的目的是通过发号施令来提升你的地位，同时，提供一些食物鼓励它回到你身边。

设法限制狗狗追逐它的目标，特别是那些具有强烈追逐猎物本能的狗狗。城市公园里经常有松鼠出没，因此当你们散步经过那里的时候，给它拴上牵引带、戴上背带。或者限制它只能在狗狗公园里运动，松鼠很聪明，不会在那里出现。

在有组织的狗狗运动比赛中，引导它的追逐动机，让狗狗能够安全地遵照自己的本能，如在计时迷宫比赛中，用快速移动的机械物体引导它们。

行为类型：攻击 p178、无聊 p180、捕猎 p184

45 追逐汽车

- 你的拉布拉多寻回犬匆忙地从敞开的大门跑出去，去追赶马路上经过的汽车。
- 你的狗狗在散步，一辆汽车从身边疾驰而过，狗狗就会拖着你沿着人行道追过去。
- 当你驾着车驶入车道，你家的澳大利亚牧羊犬见了滚动的轮胎就激动不已，像疯了一样狂吠。

品种

- 澳大利亚牧羊犬
- 边境牧羊犬
- 英国指示犬
- 德国牧羊犬
- 拉布拉多寻回犬
- 彭布罗克威尔士柯基犬
- 西伯利亚哈士奇

？ 狗狗为什么会这样

狗狗追逐汽车有多种不同的原因，有些是出于强烈的狩猎本能，这种本能促使狗狗追逐一切移动的东西。大多数追逐汽车的狗狗并不关心是否能捉住汽车，它们只是为了追逐。然而，确实有一些狗狗认为它们有很大机会抓住汽车，并能"杀死"汽车，尽管这看起来十分荒唐。

某些狗狗认为汽车是闯入它们地盘的入侵者，希望能抵御那个金属大块头，使它消失在视野内。狗狗希望通过集中的吠叫攻击和之后的追赶，使那个发出轰鸣的大块头离开这片区域。虽然没有狗狗能跑得比汽车还快，但在狗狗心里，它已经大获成功。毕竟，汽车一溜烟地"逃"走了，这只会让狗狗追车的行为愈演愈烈。

一些具有牧羊本能的狗狗可能会把汽车看成是逃跑的、需要被赶回羊群的绵羊。不要以为丰田汽车和毛茸茸的羊羔没有一点儿相似之处。在牧羊犬心里，它们没什么区别。

🩺 兽医笔记

追逐汽车的狗正在进行一项危险的运动。这样的行为很可能使狗狗被撞伤，或者被路上的其他汽车压死。

✓ 你该怎么做

你的狗狗需要一种既能消耗过盛精力又能满足追逐欲望的运动方式。从现在开始，花些时间调教狗狗，让它追逐那些更合适的物体，比如球。把狗狗带到后院或带有围栏的狗狗公园，把球扔出去，让它追回，直到它再也跑不动为止。

训练狗狗取物永远是一个引导它释放天性的好方法。让它养成追逐物体的习惯，这样它把物体取回来，你就可以再抛出去。追逐汽车可没这么好玩，这就意味着，狗狗很快就会对追逐汽车这件事失去兴趣。

训练你的狗狗，当它听到你召唤的时候就会"过来"。这是阻止狗狗追逐汽车的另一个有效方法。如果你看到狗狗在追逐移动的车辆，而它又拥有驯犬师所谓的"强烈回应感"，你就能将它的注意力从汽车转移到你身上。想要从你的狗狗身上获得这种程度的信赖，你需要不断练习，无论是处于分散注意力的环境还是超兴奋的状况，训练狗狗听到召唤就回到你身边。如果狗狗只是在无所事事坐在那里的时候，才会听从召唤来到你身边，并不意味着它在热烈地追逐车辆的过程中也会听你的话。

行为类型：攻击 p178、无聊 p180、捕猎 p184

46 埋东西

- 找不到电视机遥控器？看看后院那个新挖的土堆里有没有。
- 坐在沙发上的时候要小心——垫子底下那个硬硬的东西可能是狗狗的玩具，或是家里小宝宝的玩偶。
- 前一分钟你的手表还在床头柜上，下一分钟就不见了。
- 狗狗不需要银行保险箱来保护它们珍贵的财产。它们只需要一堆软土或衣物。

品种

- 万能梗
- 金毛寻回犬
- 拉布拉多寻回犬
- 曼彻斯特梗
- 迷你雪纳瑞

？ 狗狗为什么会这样

这种行为是狗狗的祖先遗留下来的传统。几千年前，四处流浪的狗狗往往是吃了上顿没下顿，所以如果某次它们猎取的食物比预期的多，它们就会把剩余的食物埋起来，以免落入食腐动物之口。当狗狗饥饿的时候，它们就会回到秘密地点，把剩余的食物挖出来。泥土是天然冰箱。埋起来的骨头避免了阳光照射，能在更长时间内保持新鲜，而且这种经过自然"陈化"的骨头也会变得更美味。

你是不是给了你的狗狗太多食物和玩具？你的狗狗只是把多余的东西储存在安全的地方，稍后再取出来，或者等它的犬类朋友来访时再拿出来玩。

有些狗狗对闪闪发光的东西毫无抵抗力。它们会被这些物体吸引，如手表和耳环。它们会匆匆叼走柜子上的这些物体，冲到它们埋藏东西的地方——可能是狗狗睡觉的垫子下面，也可能是装着衣物的洗衣篮中。

当狗狗孤单、无聊或寻求关注时，经常会发生这种"拿走—埋藏"的行为。它们并没有恶意——只是希望能用这种行为赢得一些和你共同游戏的时间。

✓ 你该怎么做

狗狗一直贯彻"未雨绸缪"的理念，而且它们灵敏的鼻子会引导狗狗找到它们埋藏宝藏的地方。

把多余的玩具或骨头收起来。将狗狗的玩具限定在一两个，并把其他的玩具收起来。定期更换狗狗的玩具，你可以为狗狗提供多样的玩具，但每次都要限制玩具的数量，这样狗狗就不会有那么强烈的愿望，想在院子里找个地方把自己的宝贝藏起来。

在室内的时候，为了满足狗狗藏东西的欲望，教狗狗把最喜欢的骨头或玩具藏在一块毯子下面。让这成为一个有趣的游戏，你们每周都可以玩几次。努力提高狗狗的词汇理解能力，让它选择合适的东西藏在正确的地方。

兽医笔记

长期埋藏在后院的骨头可能会导致狗狗胃部不适或腹泻。如果发生这种情况，狗狗需要马上就医。为了狗狗的健康，最好不要让狗狗把吃的东西带到后院埋起来。

行为类型：寻求关注 p179、无聊 p180、自信 p180、高兴 p182、强迫症 p183、捕猎 p184

47 挖土

- 注意脚下——当你在后院走路的时候，你很可能会因不小心踩到一个坑而跌倒。
- 你家院子就像地鼠聚会的场地。
- 你的凯恩梗绝对无法否认自己的挖土行为——证据确凿，当它骄傲地走过刚被吸尘器清理过的地毯时，它趾甲里的泥土清楚地留在了上面。
- 挖土是狗狗对抗夏季炎热的一种聪明的方式。

品种

- 巴辛吉犬
- 边境牧羊犬
- 凯恩梗
- 腊肠犬
- 德国牧羊犬
- 艾莫劳峡谷梗
- 拉布拉多寻回犬
- 诺福克梗
- 斯塔福郡斗牛梗

? 狗狗为什么会这样

在爱挖土的狗狗排行榜中，梗犬排在第一位。"梗"是由拉丁文"土地"衍生而来的。这些狗狗擅长猎捕兔子或其他在地下活动的猎物，所以它们会挖土挖得不亦乐乎，希望能够捕捉到小动物。

挖土会给狗狗带来喜悦和成就感，就像画家退后几步欣赏自己作品的感觉一样。挖土的狗狗会坐到自己挖的坑里，欣赏自己作品的"深度"。

挖土可以让狗狗摆脱无聊，就像人类在无聊的时候，会织毛衣或者做些能让双手保持忙碌的活计。

炎热的天气里，狗狗知道怎样变凉快。它们通过挖土，造一个适合自己身体的浅坑。地底下的泥土比地表泥土的温度低，狗狗会趴在新挖的泥土上，这可是狗狗世界的空调。

兽医笔记

检查狗狗的爪子和趾甲，特别是狗狗尝试挖掘冰冻的草坪或满是石头的土地后。它的脚很可能有伤口，脚垫可能流血，需要治疗。如果有较深的创伤，可能需要兽医提供止痛药，并为狗狗包扎受伤的爪子。

具有过度或破坏性挖掘行为的狗狗可能需要药物来解决严重的强迫症行为。

✓ 你该怎么做

后院那些挖出来的土洞是狗狗摆脱无聊而发出的呐喊。这是一个信号，请给狗狗安排更多的活动吧，是时候做出改变，摆脱日复一日的枯燥乏味了。把它带到允许狗狗进入的海滩，鼓励你的狗狗挖沙子。不要吝惜赞美的语言，做它的啦啦队队长，看着它骄傲地表现。

挖掘对狗狗来说是一个很难戒掉的习惯，所以妥协吧。用篱笆把你的花园围起来，防止它被狗狗翻耕。如果有些地方你不想让狗狗挖掘，那就用铁丝织网、砖块或其他狗狗不敢用爪子触碰的东西盖住。但是请在后院预留一块地方供狗狗挖土，让狗狗能够心满意足。在角落里放一个儿童塑料泳池，在里面装满沙子，然后将一些食物和玩具藏在里面，让狗狗去里面翻找。

行为类型：寻求关注 p179、无聊 p180、强迫症 p183、嬉戏 p183

48 在臭烘烘的东西里打滚

- 你的狗狗仿佛会说："什么意思？你是说不喜欢我的烂鱼味香水？"

- 你刚把狗狗洗得香喷喷，仅仅保持了十五分钟，它就开始在臭烘烘的鸭粪上打滚。

- 你的狗狗，刚从马粪里滚出来，就在你的白裤子上蹭，还抬起前爪，想给你一个友好的、结实的大拥抱。

- 你的狗狗想要展示它的新技能——一种被称为"死松鼠"的舞蹈。

品种

- 该行为不限于特定品种。

狗狗为什么会这样

狗狗在臭烘烘的东西里打滚的原因有很多，但首要原因就是它们属于犬类家族。你可以把狗狗的恶习怪在它们的祖先头上。这是一种本能行为，可以追溯至未驯化时期。那时的"侦察犬"要把可获取食物的信息带回自己的族群。推理如下：如果它们在捕食时能找到腐烂的鱼，那么新鲜的鱼应该也不会远。

狗狗也会在臭气熏天的粪便中打滚、扭来扭去，让身上散发一种腐朽的气味，创造一种狡猾的嗅觉伪装，这会增加它们的捕猎机会。毕竟，想要偷偷接近并捉住一只兔子，有什么伪装比闻起来像一只兔子，甚至是一只死兔子还要好的方法呢？把这种行为看成是犬类的一种伪装吧。

有些狗狗讨厌宠物沐浴露里散发的花香味。虽然你喜欢薰衣草的味道，但是你的拉布拉多寻回犬却很讨厌这种气味。因此你刚洗完澡的狗狗一逮到机会就会跑到外面，想办法去掉身上的味道。还有什么比到一堆兔粪或鸭粪中打个滚更好的办法呢？

✓ **你该怎么做**

你该庆幸自己的嗅觉远远不如狗狗，否则你一定会被狗狗臭烘烘的皮毛熏晕过去。为狗狗选择合适的浴液，避免很浓的气味——记住要尊重狗狗强大的嗅觉。咨询专业的狗狗美容师，找一种最适合狗狗皮毛状况的沐浴露。

当你和狗狗远足或散步时，一定要积极主动出击。巡逻你前面的区域，排除所有的"恶臭炸弹"，如另一只狗的大便或鸭粪。把牵引带留得短些，这样你就可以在狗狗准备扑向那堆粪的时候阻止它。随身携带一些健康的食物，如果狗狗停下并回到你身边的话，请奖励你的狗狗。

最后，训练狗狗遵循"别碰"口令，先在屋子里，然后再到院子里。在带它去远足或散步之前，利用可以让狗狗分散注意力的事物，使狗狗具有一定程度的顺从性。

 兽医笔记

狗狗会被腐烂的动物尸体或粪便中的寄生虫感染，因为狗狗不仅会在其中打滚，有时还会吃它们。确保狗狗及时接种疫苗并使用最新的驱虫药物。

行为类型：寻求关注 p179、好奇 p181、嬉戏 p183、捕猎 p184

49 吃草

- 你的狗狗热衷于吃草，因此附近的人都戏称它为"奶牛埃尔希"。
- 只有肉而没有青草可不算是营养均衡的狗狗饮食。
- 不要试图把家里的割草机卖掉——狗狗每天消耗的青草量是有限的。
- 狗狗吃草是对你的一个温柔提醒，该用菜园里的菜做个沙拉或吃些其他健康的青菜了。

❓ 狗狗为什么会这样

就像人类一样，狗狗希望自己的日常菜肴也是丰富营养的。它们天生就知道在饮食中添加绿色蔬菜对健康有好处。站在狗狗的立场想一想：你能不能做到一辈子只吃同样的火鸡三明治？狗狗是杂食动物，既有肉又有蔬菜的均衡饮食才有益于狗狗的健康。

有些狗狗特别爱吃草。在这种情况下，它们只是单纯地喜欢草的口味和质地。这些狗狗会细细咀嚼并完全把草叶咽下去。

当狗狗感到胃不适或恶心的时候，青草是非常棒的保健品。有时，当狗狗觉得有必要洗胃的时候，会狼吞虎咽地把青草快速吞下，而不认真咀嚼。带刺的叶柄会刺激胃的内壁，引起狗狗呕吐。又或者草叶会与令狗狗不适的食物缠在一起，帮助狗狗将食物排出体外。

- 该行为不限于特定品种。

✔ 你该怎么做

如果你的狗狗热衷于吃草，确保它吃的青草不含杀虫剂或其他有害物质。种一盆草，供它在室内啃食，或者在你家后院为它种一片特别的草，为它提供健康的纤维和叶绿素。

狗狗的饮食中可能缺乏一些蛋白质中没有的维生素、矿物质或粗纤维。在它的饮食中添加一些熟的或生的蔬菜，特别是胡萝卜或青豆，改善它的膳食。

不要让狗狗吃太多草，不管什么东西，哪怕是好东西，吃多了都不利于健康。

 兽医笔记

兽医建议给那些吃太多草的狗狗喂食高纤维食物，确保满足狗狗每天的营养需求。

吃草的狗可能也会吃室内养的植物。有些室内植物，如常春藤，对狗来说是有毒的。如果你的狗咬过这样的植物叶子，或者吃过喷洒杀虫剂的青草，并且出现口吐泡沫、呕吐腹泻等症状，请立即送医。

行为类型：无聊 p180、高兴 p182、强迫症 p183

50 异食癖

- 呃，你的毛衣上有一个大洞，而你的狗狗嘴边挂着一些毛衣纤维。

- 你再也不能用遥控器换台了，因为你的狗狗把遥控器啃得只剩一半。

- 相较于你给狗狗买的美食，狗狗对品尝塑料购物袋更感兴趣。

品种

- 德国牧羊犬
- 金毛寻回犬
- 拉布拉多寻回犬
- 贵宾犬
- 雪纳瑞犬

❓ 狗狗为什么会这样

狗狗怪异的饮食爱好往往是因为行为或医学障碍引起的，而不是因为营养问题。

无论是袜子、毛衣、塑料袋、砾石、橡皮筋还是其他物品，你的狗狗非吃不可的食物是什么并不重要。医学上将这种食用非食物的行为定义为"异食癖"。这是一个严重的问题，不容忽视，不要让这种情况恶化。

有些幼犬十分好奇，它们探索周围环境的时候，会把感兴趣的东西放进嘴里。有时它们会把嘴里的东西嚼一嚼，甚至咽下去。

✔ 你该怎么做

做一个整洁的管家，向狗狗展现你有多爱它，多想要保护它。在狗狗能够到的范围内，把它可能咀嚼或吞咽的物体拿走，或者在上面喷一些辣椒汁、苦瓜汁、香茅喷雾或狗狗憎恶的其他东西。将塑料购物袋放好，不要让狗狗找到。好好检查自己的院子，清除对狗狗存在诱惑的非食物。

散步的时候，缩短牵引绳，防止它吃石子或粪便。在即将出现这种情况的时候，用食物转移它的注意力，或者让它表演一项技能。

为狗狗提供一些安全的咀嚼玩具，用不断赞扬的方式鼓励狗狗玩这些玩具。

有些狗狗有这样的行为是因为无聊或想要寻求关注，每天抽出一些时间和狗狗玩游戏或锻炼。

🩺 兽医笔记

糖尿病、甲状腺功能亢进、严重的内分泌性肠道疾病、胃癌、贫血、胰腺功能不全和胃肠道疾病都是狗狗异食癖的主要医学原因。

兽医通常会做一些检查，包括验血、尿液分析和生化检查，来检查狗狗器官的健康情况并排除其他可能的疾病。

可能需要用X光和内窥镜检查来确定吞咽物种类及其位置，必要时可能需要做手术。

如果狗狗的异食癖是由强迫症引起的，可以让兽医开百忧解和抗抑郁药物。此外，在经过认证的动物行为学家的监督下，进行行为矫正训练，也是非常必要的。

行为类型：焦虑／压力 p179、寻求关注 p179、无聊 p180、好奇 p181、强迫症 p183

51 吃猫的粪便

- 在狗狗眼里，猫砂盆是一个每周七天、二十四小时营业的不限量自助餐厅。
- 自从养了狗狗，你清理猫砂盆的时间都缩短了。
- 吃完猫砂盆里的加餐，凯旋的狗狗向你跑来，还给了你一个大大的吻。好恶心！

品种

- 该行为不限于特定品种。

狗狗为什么会这样

　　狗狗从猫砂中扫荡猫咪粪便的行为有一个科学名称：食粪癖。不管叫什么，这种行为都让人觉得可怕且恶心。

　　狗狗吃大便的一个关键原因是饮食中缺乏维生素。狗狗当前的饮食中很可能蛋白质、纤维或脂肪含量过低，或者 B 族维生素含量不足。

　　你也可以将这种行为归咎于狗狗的遗传习性。早在人类驯养之前，雌性犬会吃掉幼犬的粪便，以保持它们的窝干净，并降低被潜在捕食者发现的可能性。

　　对一些狗狗来说，扫荡猫砂盆是为了品尝美味。要知道，狗狗的味觉和人类大不相同。猫食富含蛋白质，比狗粮更香。因此，猫砂盆中的粪便会产生强烈的香气，让一些狗狗根本无法抵御。

　　还有些狗狗这么做，是因为它们太无聊，它们想找一些事情来为自己平凡单调的一天增添一些情趣。"寻找"猫咪粪便成了狗狗打发无聊时光的消遣活动之一。

你该怎么做

　　重要的是为猫咪提供一个安全、隐私的排便场所——远离那些寻找便便的犬类。在放置猫砂盆的房间门口装一道防狗门，这样敏捷的猫咪可以跃过去，狗狗却过不去。把猫砂盆放在狗狗够不到的柜子或牢固的架子上，或者使用带有盖子的猫砂盆，这样中等体形以上的狗狗就无法进入。

　　多巡视几次猫砂盆，增加清理次数。

　　然而，你不能做到每天每时每刻都守在猫砂盆旁，所以可以在猫砂上洒一些胰酶。这些酶在宠物用品商店有售，会使粪便散发出一种狗狗不喜欢的气味。但要保证这些酶的味道不会让猫咪也产生抵制情绪，从而拒绝在猫砂盆中排便。

 ### 兽医笔记

　　咨询兽医，为你的狗狗选择一些富含蛋白质和维生素的狗粮，为狗狗提供营养均衡的饮食。

行为类型：无聊 p180、好奇 p181

52 翻垃圾桶

- 人类的垃圾可能是狗狗的盛宴，这只是角度的问题。
- 你的狗狗很可能错误地以为厨房垃圾桶是狗狗的不限量自助餐餐厅。
- 人类丢弃的食物远比狗狗碗里那些平淡无奇的干狗粮好吃。
- 人类的贼会偷珠宝，而犬类的贼却会偷食物。

品种

- 巴吉度猎犬
- 比格犬
- 斗牛犬
- 拉布拉多寻回犬
- 斯塔福郡斗牛梗

❓ 狗狗为什么会这样

就像经验丰富的登山者总想要征服下一座高峰一样，狗狗会征服厨房垃圾桶，把它翻个底朝天，只是因为垃圾桶在那儿，而恰好你又不在。它认为那里面是唾手可得的美味佳肴。

有些狗狗还不知道家里的规矩，因此需要进行适当的行为训练，特别是幼犬或新领养的狗狗。

如果没有定时喂养狗狗，更糟的是忘了喂食，就会激发狗狗的生存本能，它们会利用嗅觉寻找食物。像人类一样，狗狗每天需要进餐两到三次。

 兽医笔记

如果你的狗狗看上去一直吃不饱，并且寻找更多的食物，咨询兽医，为狗狗换一种更适合它的狗粮，既保证营养又不会让它摄入太多卡路里。

吃垃圾可能会导致狗狗腹泻或呕吐，从而需要兽医的治疗；狗狗的爪子或舌头可能会被垃圾箱盖子割伤，甚至需要缝合；它们可能会被一些鸡或火鸡骨头噎住，或者吞下一些尖锐的骨头碎片，需要手术取出。

✓ 你该怎么做

隔离诱惑，将厨房垃圾桶放到储藏室，关好门或装一道防止狗狗进入的门，或者用带有坚固盖子的垃圾桶代替那些很容易被狗狗翻掏的垃圾桶。

养成习惯，当厨房垃圾桶里有鸡骨头或其他诱惑狗狗的厨余垃圾时，要及时清理垃圾，放进户外的垃圾箱里。

你可以在垃圾桶附近设置一些"陷阱"，比如放一些阻止狗狗靠近的东西，使垃圾桶对狗狗没那么大吸引力。一旦狗狗踏进设定范围之内，这些装置会喷气。你也可以购买一张塑料片，当狗狗踩到它时，它会释放轻微的静电。放心，这两种装置都不会伤害你的狗狗。

定期强化"别碰"口令，这样狗狗就会清楚界限在哪里。

当狗狗准备走向垃圾桶时，给它一个咀嚼玩具、中空的合成骨头或者空心硬橡胶玩具来转移它的注意力，此外，你可以用花生酱或奶酪填充中空玩具。

带无聊的狗狗来一场冒险刺激的散步，或给它来一个狗粮迷宫，让狗狗兴致盎然。狗狗每天都需要精神和身体上的挑战。

行为类型：寻求关注 p179、无聊 p180、好奇 p181、专横霸道 p181

53 弄洒碗里的水

- 或许你的狗狗看到了你在冲洗地板，希望能帮你一把。
- 你还没有意识到，狗狗希望碗能放得倾斜一些。
- 虽然你不得不用拖把把地板上的水擦干，但是你还是该庆幸，这是碗里的水，而不是狗狗的小便。

狗狗为什么会这样

有些狗狗会像鸭子一样喝水。这些狗狗喜欢在厨房的地板上建造一个水上乐园。它们想开发一些有趣的游戏来抵御无聊或吸引你的注意力。

有些品种的犬，比如各种各样的寻物猎犬，喜欢用爪垫感受水的凉爽，并且想要溅起水花。

有些快速成长的幼犬眼睛里有着大写的"好奇"二字。它们会利用各种感官去探寻世界，尤其是触觉。

品种

- 切萨皮克海湾寻回犬
- 金毛寻回犬
- 拉布拉多寻回犬

兽医笔记

关于这种行为没有具体的医学建议。

你该怎么做

用那些防泼溅的碗代替容易溢水的碗。这会为你节省擦地板的时间和买纸巾的钱。

将碗放在带边的塑料垫上，防止洒出的水流到地板上。

确保新碗可以用洗碗机清洗，或者用一款耐用的自动宠物饮水机来替代所有的碗。

54 吃排泄物

- 你向窗外望去，发现狗狗在吃自己的大便。
- 你的狗狗很喜欢到邻居家闲逛，并且吃她家兔子的粪便。

品种

- 大麦町
- 法国斗牛犬
- 贵宾犬
- 喜乐蒂牧羊犬

 兽医笔记

狗狗似乎不会因为吃粪便而得病，不过如果它们过于喜欢这种行为，可能需要更频繁地驱虫。

如果狗狗吃鸟粪，那么它们会有感染贾第虫（一种使肠道虚弱的寄生虫）的风险。

 ## 狗狗为什么会这样

虽然我们觉得这种习惯很恶心，但在狗狗的世界里是可以接受的。这种行为的起源是雌性犬吃掉幼犬的粪便用以保持窝的清洁，但成年的雄性犬依然会有这种行为。

像人类一样，狗狗会想方设法来满足自己的味觉。但和人类不同的是，狗狗觉得便便很美味。

还有些狗狗会吃排泄物，是因为它们的狗粮中缺乏足够的蛋白质。

 ## 你该怎么做

很多狗，远远不止我们提到的这几种，会吃其他动物的粪便，如马、鹿、兔子等。没错，还有些狗狗会吃自己的便便。

我们应当把排泄物迅速处理掉，不让狗狗有接触的机会。如果它喜欢吃其他动物的粪便，那么阻止狗狗碰触排泄物是你唯一的办法。

行为类型：无聊 p180

55 随地便溺

- 你时不时就发现家里地板上有小便。
- 你下班回到家，发现自己需要清理客厅里的狗狗大便。
- 你不敢带狗狗去朋友家做客，因为它会在人家的家具上小便。
- 你一进门，就发现狗狗蹲在你面前小便。

品种

- 美国斯塔福郡梗
- 巴吉度猎犬
- 卷毛比雄犬
- 拳师犬
- 可卡犬
- 博美犬
- 西高地白梗
- 惠比特犬

❓ 狗狗为什么会这样

狗狗在室内随地便溺的原因有很多。狗狗可能还没有形成去户外大小便的习惯。最好在幼犬期，就教会狗狗到户外排便。那些大多数时间被养在室外或长期关在狗舍或笼子里的狗狗，可能从来都不知道不可以在室内上厕所。

有些狗狗在室内便溺是因为其他狗狗在地毯或家具上小便过，被它嗅出来了。作为回应，狗狗会在上面小便，宣布这是它的地盘。未阉割的狗会在室内小便，来标记它们的地盘。

生病的狗在室内随地人小便，是因为它不舒服。但也经常会有这种情况，那些经过良好训练的狗狗会在没有什么明显原因的情况下在室内随地便溺。

🩺 兽医笔记

随地便溺可能是某些重大疾病的征兆。如果狗狗有这种行为却没有什么显而易见的原因，请带它去兽医那里做检查。

✓ 你该怎么做

如果你的狗狗没有养成去户外上厕所的习惯，那么无论身处何地，只要它有大小便的感觉，它都会就地解决。

有些时候，狗狗随地便溺是为了标记自己的地盘。用专门去除尿液气味的产品消除所有狗狗小便的痕迹，是最好的解决方法。

有必要对随地便溺的狗狗进行单独的家庭训练，必须要教会狗狗唯一可以接受的排便场所就是户外。如果你的狗狗从来没有长时间被关在笼子里，那么你可以把狗狗关在笼子里，然后经常把它带出去排便，利用这个工具教狗狗在室内的时候要"憋住"。将狗狗圈在一个训练区，或把它关在小房间里，直到狗狗彻底明白要去户外解决大小便，狗狗才算从训练中毕业。

针对住在公寓里的狗狗或那些每天必须在室内待八个小时以上的狗狗，训练它们使用市场上销售的合成草皮。这些产品含有散发香味的化学物质，很安全，可以吸引狗狗使用，而且容易保持清洁，不会产生异味。

如果狗狗觉得不舒服，在控制肠胃和膀胱方面有困难，那它就会随地便溺。

行为类型：焦虑／压力 p179、专横霸道 p181、悲伤 p184、性 p185

56 喝马桶里的水

- 你的狗狗可能会认为："哇！这个房子里居然不只有一个饮水处，而有两处。我真是幸运的狗狗。"
- 请注意，先生们，如果你们还需要一个上完厕所把马桶盖放下来的理由，那么只要想一想你的狗狗在厕所喝完水，然后跑过来想要和你亲亲，相信你就明白该怎么做了。
- 马桶里的水会比厨房里不锈钢水碗里的水更凉爽一些。
- 对于体形较大的狗狗来说，当它们需要喝水解渴时，马桶的高度刚刚好。

品种

- 伯恩山犬
- 史宾格犬
- 德国牧羊犬
- 德国短毛指示犬
- 拉布拉多寻回犬

❓ 狗狗为什么会这样

我们会选择不同的饮料，法国红葡萄酒或是磨砂玻璃杯里装着的鲜榨橙汁。但对狗狗而言，马桶里的水就是它们的香槟。它们碗里的水已经放了一整天，而马桶里的水更凉爽、更新鲜——每冲一次马桶，都会有新鲜的水进入马桶里。在狗狗眼里，这肯定比路边水坑里的水更解渴。

你的狗狗偏爱新鲜的水并不是什么新鲜事。它的祖先就更喜欢喝溪流中的流动水，而不愿喝池子里的死水，因为流动的水空气含量更高。

陶瓷可以将水的味道保存得更好、更纯净。给狗狗饮水用的碗通常是塑料或不锈钢的，这些材质的容器会改变水的味道，因而这些容器里的水对狗狗没有什么吸引力。记住，狗狗的嗅觉很灵敏。

不要小看浴室里的地面材料，虽然在你眼里这并没什么。浴室里铺的通常是瓷砖或其他光滑材料，这会使狗狗感到凉爽，为狗狗在大热天打盹提供了舒适的场所。

✅ 你该怎么做

最简单的解决方法只需两秒钟：把马桶盖放下。你可能需要在马桶的上方贴上一个友好告示，提醒家里的其他成员和客人，这样就可以帮你的狗狗改掉这种不良习惯。

给你的狗狗喂一些干净的瓶装水，并在里面加一些冰块。将水倒在瓷碗里，并且每天清洗瓷碗。把碗放在凉快的地方，避免阳光直射，远离地热。

为狗狗提供一个需要电池或插电的犬用饮水机。这些饮水机会用流动的水吸引狗狗。你需要按说明更换饮水机中的过滤器，以保持水的卫生。

市场上还有一些富含维生素的饮品，这些饮品有鸡肉、肝脏、羊肉、牛肉等不同口味。这些口味能刺激狗狗喝下足够多的水，避免狗狗口渴脱水。

 兽医笔记

用来给马桶杀菌的化学物质可能有毒。如果你的狗狗喝了这样的水并出现中毒症状，请立即联系兽医。

行为类型：自信 p180、好奇 p181

57 睡前转圈

o 你的狗狗在每次小睡之前，都会顺时针转圈圈，看得你头都晕了。

o 你的狗狗好像在表演《洋娃娃和小熊跳舞》，一直转啊转，直到床铺好。

品种

• 该行为不限于特定品种。

？ 狗狗为什么会这样

家里有很多舒适的小睡地点，大多数狗狗也都很享受这种在室内养尊处优的生活。虽然经过了无数代，但狗狗仍然保留了它们的筑巢本能。狗狗的祖先们就是这样，它们会在树枝和叶子上转圈圈，用爪子拍打，造出一个适合身体小憩的碗状住处。现在的狗狗依然会这样做。

转圈圈还有利于狗狗释放身上的气味，提醒其他狗狗这张床是属于它的，并且只属于它。

你该怎么做

当狗狗开始例行的转圈圈时，注意不要给它太多关注，否则你就是在不经意地提醒它，用这种方式可以赢得你的注意和喜爱。

为你的狗狗提供适合它体形的床，并提供矫形泡沫支撑它的关节。

 兽医笔记

这是一种不会造成伤害的行为，不需要医疗干预。除非存在极端情况，当你的狗狗不断转圈，甚至忽略吃饭或睡眠时，狗狗需要抗焦虑药物。

行为类型：焦虑 / 压力 p179、寻求关注 p179、自信 p180、专横霸道 p181、强迫症 p183

58 躲进窝里

- 你的狗狗前世可能是个室内设计师。
- 和你的卧室相比，狗狗的窝似乎很小。但对狗狗来说，这个空间正合适，非常舒服。

品种

- 该行为不限于特定品种。

兽医笔记

如果你把安抚狗狗的信息素装置安装在出口附近，那么神经紧张或面对分离焦虑的狗狗，可能会觉得在窝里更舒服、更自在。咨询兽医，让他推荐这样一款非处方产品。如果情况比较严重的话，可能需要开具抗焦虑药物。

 狗狗为什么会这样

当搬到一个新地方时，我们会做很多事让它感觉像个家。狗狗也一样。它们在自己的窝里忙来忙去，用爪子弄一弄里面的东西，做一些小小的调整，用这种方式宣布这个窝是只属于它的。

你的狗狗可能会撕碎它的寝具，使其变得更松软、更舒服，否则当你不在家而它必须在狗窝里消磨时光的时候，狗狗会感到非常无聊。

你该怎么做

为狗狗提供一块柔软的地垫、一个它喜欢的咀嚼玩具和一个防洒水的碗，一步步改善，使狗狗逐渐认识到它的小窝的优点。

将狗狗的窝安在合适的地方，既能使狗狗感到安全，又便于它探索周围的环境。

不要强迫或诱导狗狗进入它的窝，或将这作为惩罚狗狗的一种方式。你和狗狗都应该把它的窝看成一个积极、安全的地方。

行为类型：寻求关注 p179、无聊 p180、自信 p180、专横霸道 p181、高兴 p182、强迫症 p183

59 在暴风雨期间踱步

- 平时非常听话的狗狗好像听不懂你"坐"或"停"的口令。
- 在第一声雷声响起之前，浑身颤抖的狗狗缩在浴缸里。
- 狗狗真的吓坏了，为了躲避雷电交加的天气，它拼命地冲进房门，更糟的是，它甚至想撞破玻璃窗，从窗户闯进来。
- 平时为了美食可以做任何事，可是在暴风雨来临的时候，居然会放弃它钟爱的食物。

品种

- 澳大利亚卡尔比犬
- 澳大利亚牧羊犬
- 古代长须牧羊犬
- 边境牧羊犬
- 金毛寻回犬
- 大白熊犬
- 拉布拉多寻回犬
- 惠比特犬

❓ 狗狗为什么会这样

轰鸣的雷声，划破漆黑天空的闪电，这是大自然的力量中骇人的一面，能把体形最大的狗狗变成受惊的小狗。狗狗能感觉到空气中的电流并嗅到气压的变化。

在暴风雨来临之前或在暴风雨期间，害怕雷暴的狗狗通常会不停地踱来踱去、喘粗气，甚至会小便或排便。它们也可能会有以下行为：藏起来，试图逃避，流口水，寻求安慰，失去胃口，无视命令，瞳孔扩大，反复吠叫或发出呻吟，等等。

狗狗对暴风雨的恐惧可能比人类想象的更严重。通常，狗狗在两岁的时候就会表现出对雷电的恐惧，如果听之任之，狗狗的恐惧会加剧。

兽医笔记

暴风雨恐惧症是一个严重的问题，需要药物控制，也需要兽医，可能还需要动物行为学家的参与合作，制订一个行为修正计划。

阿米替林、百忧解、丁螺环酮或安定是常用的处方药。兽医研究表明褪黑素也有使狗狗镇静的效用。

你可能无法根治狗狗对暴风雨的恐惧，但你可以更有效地应对。

✔ 你该怎么做

千万不要打惊吓中的狗狗或对它大喊大叫。记住，恐惧症是对察觉到的威胁产生的非理性反应。如果因为害怕的行为而受到惩罚，只能使狗狗在看到、听到暴风雨现象或感知气压变化时做出更糟糕的反应。

不要拥抱你的狗狗，也不要试图通过爱抚或轻柔安慰的说话方式来抚慰狗狗。虽然你是善意的，但是这些行为相当于在告诉你的狗狗，它对暴风雨的恐惧是理所应当的。

玩一个狗狗最喜欢的室内游戏、给它梳毛或狗狗喜欢的其他活动，来转移它的注意力。如果你提前知道暴风雨将至，那么在暴风雨来临前的几个小时增加狗狗的运动量。通过运动，狗狗的血清素水平会提高，能起到镇静的作用。

可以考虑使用一些镇静产品，如某些有镇静作用的香精、抚慰狗狗的外激素、治疗音乐——特别是竖琴、包裹狗狗身体的衣物，这些都有助于抚慰受惊的狗狗，你可以综合使用其中几种。

除此以外，还有一些其他的办法。打开风扇或电视机，制造一些善意的噪音，以削弱雷电的声音。狗狗是穴居动物，在暴风雨来临的时候，有些狗狗可能会觉得窝在自己的笼子里更安全一些，将笼子放在卫生间，并打开风扇。

行为类型：焦虑 / 压力 p179、害怕 p182

60 走路时抬腿小便

- 遛狗仿佛得用一辈子，因为狗狗在每棵树前都要停下来，抬腿在树上小便。
- 当狗狗在一些更高的物体上抬腿小便时，它瞄准的位置也更高些。

品种

- 斗牛梗
- 德国牧羊犬
- 拉布拉多寻回犬
- 雪纳瑞犬
- 约克夏梗

 ## 狗狗为什么会这样

抬高腿小便以标记地盘是大多数雄性犬最喜欢的消遣方式，无论它们是否被阉割。尽管这是一个令人讨厌的习惯，尤其是在你遛狗的时候，然而到处留下它的"名片"却是让狗狗享受的事。

抬高腿小便可以使狗狗将小便撒到它鼻子那么高的位置。这样当其他狗狗经过时会更容易嗅到尿液的气味，毕竟你的狗狗费了好大力气把它的痕迹留在那么高的地方。

 ## 你该怎么做

如果你的狗狗在每棵树前都要停顿，从而让散步变得令人难以忍受，可将路程分为两个部分。前半程允许狗狗在物体上小便，后半程脚步变得轻快一些，不再做任何停留。

🩺 **兽医笔记**

未阉割的雄性犬更容易抬腿小便。虽然阉割并不能完全消除这种行为，但可以降低该行为的频率。

行为类型：自信 p180、专横霸道 p181、性 p185

61 撕纸

- 你回到家，发现正在读的小说被撕成了碎片。
- 如果你的儿子告诉你，狗狗把他的作业本吃了，相信他，他并没有撒谎。

品种

- 美国爱斯基摩犬
- 拳师犬
- 凯恩梗
- 猎狐梗
- 金毛寻回犬
- 马尔济斯犬

 狗狗为什么会这样

很多狗狗都喜欢撕东西。对狗狗来说，撕纸非常有趣。它们意识不到撕纸的危害，这项活动为它们旺盛的精力提供了一个发泄途径。

有些狗就是喜欢用嘴撕东西的感觉，就像它们在野外狩猎时撕咬猎物一样。

有些狗狗会在无聊、感到压力或焦虑的时候撕纸。

你该怎么做

为了帮助狗狗摆脱撕纸的习惯，不要随处乱放纸张，并且给狗狗提供一些替代品来占着它的嘴，如咀嚼玩具。

对于嘴闲不住的狗狗来说，你能提供给它的最好的物品就是中空的硬橡胶玩具，在玩具里塞满花生酱或奶酪酱，然后看着你的狗狗花时间和心思去研究如何取出食物。

兽医笔记

吞食纸屑可能会引起消化问题，如果狗狗吞食了大量碎纸，很可能导致肠梗阻。

行为类型：焦虑 / 压力 p179、无聊 p180

62 将头靠在另一只狗狗身上

- 狗狗之间的这种行为就相当于人类社会中，两个人的手在棒球棍上向上移动，以决定到底谁先击球。

- 在狗狗公园里，你自信的西伯利亚哈士奇昂首挺胸向迷你雪纳瑞走去，没发出一声叫声，就把头放在雪纳瑞的背上。

- 当你的成年拉布拉多寻回犬和另一只狗狗玩耍时，它想要把头放在另一只狗的背上。而另一只狗狗并不想被它控制，就会从它下面不停扭动，想要挣脱出来。

品种

- 阿拉斯加雪橇犬
- 法兰德斯畜牧犬
- 斗牛梗
- 拉布拉多寻回犬
- 罗威纳犬
- 西伯利亚哈士奇
- 西高地白梗

狗狗为什么会这样

一只狗狗把头放在另一只狗狗的脖子、肩膀或背上，通常是为了表现对那只狗狗的支配和统治态度。你的狗狗想要另一只狗承认它的权威，并用顺从的行为来回应。

你的狗狗想要传达的信息是："我是你的老板。照我说的去做，就不会有任何麻烦了。"另一只狗完全理解你的狗狗在说什么，作为回应，它要么接受你的狗狗的支配，要么向它发起挑战。

有些狗狗在想和其他狗玩耍时也会这么做，这是它们嬉戏打闹的开始动作。它们想要追逐或被追逐。而另一只狗通常会试图从摆出这个姿势的狗狗下面挣脱出来。在这种情况下，这个动作只是为了好玩。互为朋友的狗狗知道这个动作两种意思的区别，一种是玩耍模式，而另一种则在说"我是认真的"。

 兽医笔记

狗狗之间的战斗会导致严重的咬伤或其他伤害。这种不受欢迎的行为也能巩固狗的统治支配地位，使它的"受害者"更加恐惧和焦虑。

有些狗狗在恶斗中受伤后，可能会产生恐惧情绪，需要兽医开些镇静药物。

✓ 你该怎么做

当你的狗狗和其他狗狗交往时，密切关注它的行为。和喜欢表示顺从的狗狗相比，那些总喜欢宣称自己统治支配地位的狗狗很容易卷入斗殴之中。在犬类世界，以欺凌者姿态出现的狗狗并不受欢迎，迟早，你的狗狗会遇到一只不想被统治支配的对象，它会咆哮，恐吓你的狗狗，甚至会撕咬反抗。

如果你的狗狗将头靠在一条不合适的狗狗背上，那么一定要小心！在狗狗见面时，它们会依靠连续的姿势和叫声来评估对方的意图和情绪。如果你的狗狗围着别的狗转来转去，你需要继续保持谨慎的态度，但也不必因害怕尖叫或大喊。如果你表现出这样的情绪或发出叫喊声，很可能会引发狗狗的攻击行为。

如果你的狗狗是活跃型或冲动型的，使用安全背带控制它，制止它扑向其他狗狗。如果你不了解狗狗公园里的其他狗狗，那就不要贸然带它去那儿，用这种方法来限制它的攻击倾向。让它和几只你精挑细选的狗狗朋友一起玩耍。

行为类型：攻击 p178、自信 p180、专横霸道 p181、嬉戏 p183

63 比画前爪

- 你的狗狗可能在告诉你："哼，怎么不给我挠下巴了，我还没享受够呢。"
- 两只拳师犬看起来就像在玩孩子们最喜欢玩的"你拍一我拍一"游戏。

品种

- 卷毛比雄犬
- 拳师犬
- 凯恩梗
- 杰克罗素梗
- 罗威士梗
- 约克夏梗

 狗狗为什么会这样

有些品种的狗狗，特别是拳师犬，具有只用后腿保持平衡的特殊才能。它们可以摆动前爪，并用前爪做圆弧运动，就像拳击台上的职业拳手挥舞拳头。这是十九世纪德国培育的新品种犬，因为它们在和对手抗衡时可以站起来，因此得到了"拳师犬"之名。

小型犬和玩赏犬，特别是卷毛比雄犬和约克夏梗，会在玩耍时比画前爪，这是它们逗闹的一种方式。它们甚至会兴奋地打喷嚏。

挖掘犬，如凯恩梗和杰克罗素梗，在狩猎团队中工作非常积极。它们会用前爪挖出藏在地下洞穴里的地鼠和兔子。

 你该怎么做

利用狗狗的天赋进行一些特殊的训练，记得要给它奖励哟。不仅仅是"握手"这种简单的口令，而是让你的狗狗先用左爪握手，然后再换右爪，结束的时候来一个举起双爪的击掌作为庆祝。

 兽医笔记

关于这种行为没有具体的医学建议。

行为类型：喜爱 p178、寻求关注 p179、专横霸道 p181、高兴 p182、嬉戏 p183

64 在其他狗狗小便的地方小便

- 你的狗狗和姨妈家的狗狗一起待在后院，但是它总是坚持在另一只狗狗小便的相同地点小便。
- 散步的时候，你的狗狗在每棵树前都要停顿，在其他狗狗小便的地方小便。
- 一只更高大的狗狗和你的狗狗在同一地点小便，因为你的狗狗太靠近了，所以被尿了一身。

品种

- 查理士王小猎犬
- 柯利牧羊犬
- 杰克罗素梗
- 迷你杜宾犬
- 罗得西亚脊背犬
- 西伯利亚哈士奇

 狗狗为什么会这样

狗狗会在另一只狗狗小便的地方小便，这种行为被称为"覆盖标记"。关于狗狗的行为动机，专家们持不同意见。有些专家认为狗狗的"覆盖标记"是为了覆盖其他狗狗尿液的气味，有些专家则认为狗狗通过在相同地点小便的行为宣示自己的统治地位。

尽管雌性犬也会这么做，但是这种行为在雄性犬中更常见。

 你该怎么做

一些狗狗似乎非常喜欢做这种事，尽管人类还没搞清楚狗狗为什么这样做。

狗狗的嗅觉比人类强得多，它们能精确地找出另一只狗狗小便的地方，即使尿液已经干涸或在草地中央。

 兽医笔记

未接种疫苗的幼犬接触其他狗狗的排尿区时，会有感染传染病的风险。

行为类型：专横霸道 p181、性 p185

65 初次相见时嗅探

- 比起仅仅碰触一下前爪，将另一只狗狗从头嗅到尾，嗅探者获得的信息要更多。
- 人类可以伪造驾驶执照，但狗狗在同类面前不可能隐瞒自己的真实身份。
- 你那只友好的比格犬可能在对刚认识的贵宾犬说："我闻闻，我闻闻。我知道你很喜欢今天的早餐，是火鸡肋肉培根吧。"

- 该行为不限于特定品种。

? 狗狗为什么会这样

虽然对人类来说，闻到尿液、粪便和唾液的味道令人感到恶心，但这三种体液在狗狗最受欢迎排行榜上名列前茅。在相互介绍的过程中，狗狗能从嗅探致意中获得另一只狗狗的诸多信息，如年龄、健康状况、情绪状态（快乐、疲倦还是倍感压力）、性状态（完好还是已绝育）等，甚至能知道另一只狗狗吃了什么，细微到它刚刚吃了一块鸡肉味狗粮也能嗅出来。

狗狗的嘴、生殖器和肛门发出的气味最强烈。这就是为什么主动的狗狗，通常是比较有统治力或自信的那只，会去嗅另一只不太自信狗狗的生殖器和肛门区域。这个行为的顺序确立了两只狗狗之间的社会地位排名。

兽医笔记

如果另一只狗咬了你的狗狗，需要到兽医那儿检查一下。皮肤表面的伤口看起来很小，但下面可能会有比较严重的组织创伤。

✓ 你该怎么做

在一个中立的地点介绍两只狗狗认识，让两只狗狗都不要产生地盘意识，使这种相识成为一种开心、安全的行为。因此两只狗狗的初次见面不要选在你家的后院，最好定在某个狗狗公园。

你要学会正确控制牵引带。你的狗狗在捕捉你的情绪方面非常敏感。如果另一只被拴着的狗狗向你们走来时，你急于勒住狗狗，并紧紧抓住牵引带，你的狗狗很可能推断出你准备打架。因此，它不会对那只狗狗友好，它可能觉得有必要保护你，并做出一些攻击性行为。此外，不要让牵引带缠成一团。

让狗狗自己决定哪一只狗狗先嗅。你可能认为自己的狗狗地位更高，但狗狗会自己做出决定。

在问题出现之前结束狗狗的互相认识。如果其中一只狗狗眼睛一眨不眨，用前脚趾做支撑，身体僵硬地前倾，把自己的头放在另一只狗的背上，卷起上唇，或者做出任何其他攻击性的姿势，主人需要冷静地扩大狗狗间的距离，只需几秒钟，这只狗狗就会咆哮并扑上去。如果有些狗狗强迫其他狗狗，那被强迫的狗狗很可能会撕咬攻击。

行为类型：喜爱 p178、自信 p180、好奇 p181、专横霸道 p181、嬉戏 p183、性 p185

66 舔其他狗狗的口鼻

- 你的凯恩梗舔去斗牛獒流出的口水，它想说："根本不需要纸巾。"
- 刚出生的幼犬舔舔妈妈的嘴唇，是想让妈妈知道，它很饿，想吃奶。
- 勇敢的伯恩山犬刚刚在当地的狗狗公园保护了一只阿富汗猎犬，使它免受欺凌，满怀钦佩的阿富汗猎犬用这种方式向伯恩山犬"致敬"。

品种

- 阿富汗猎犬
- 卷毛比熊犬
- 凯恩梗
- 查理士王小猎犬
- 可卡犬
- 马尔济斯犬
- 纽芬兰犬
- 威玛犬

狗狗为什么会这样

两只狗狗初次见面时，胆怯、地位较低的狗狗会低下头，避免直接的目光接触，并轻轻地伸出舌头舔舐那只具有优势、自信、地位较高的狗狗的口鼻。而优势狗狗也会舔舐低等级的狗狗，确认它是善意的。

当幼犬进入喂养转变期，从吃妈妈的乳汁转变成吃一些半固态食物时，它们会使劲地舔妈妈的口鼻处，希望妈妈能反刍一些半消化的食物。

两只关系十分要好的狗狗朋友会相互舔舐、梳理皮毛。它们会相互"亲吻"，以展示深厚的感情和友谊。在这种情况下，狗狗的社会等级不是问题。它们互相了解，彼此信任。

 兽医笔记

如果你有一窝尚在哺乳期的小狗崽，请遵循兽医的指导原则，确保幼犬获得适当的营养。你还应该了解什么时候以及如何由母乳喂养转变为食物喂养。

一些狗狗有过度舔舐狗狗伙伴口鼻的行为，这很可能是由于狗狗有肿瘤、伤口或其他医学问题，需要引起注意并及时治疗。

✓ 你该怎么做

如果你的狗狗很害羞，慎重选择一些自信、友好且有耐心的狗狗来和它一起玩耍，帮助它磨炼自己的社交技巧。此外，你可以考虑让它参加一些培训班，由拥有训练技巧的持证驯犬师授课，这些课程侧重狗狗的社交化和实际锻炼。

如果你的两只狗狗彼此间简单地进行了一下"吻脸礼"，不要插手干涉。坐下来静静欣赏狗狗是如何展示它们之间的友谊的。之后把它们叫过来，让它们执行"坐"或"握手"的口令。如果它们做得很好，就奖励它们一些美食。

如果有人在你那儿寄养了一只狗狗，而你已经养了三只以上的狗狗，那么依次把寄养的狗狗介绍给你家的"孩子"。每次介绍一只狗狗，让舔舐口鼻的行为自然而然地发生。从你家最不活跃或最友善的那只狗狗开始。千万不要强迫两只狗狗互相认识，这只会加深寄养狗狗的顺从，甚至可能引发战斗。

行为类型：喜爱 p178、寻求关注 p179、害怕 p182、高兴 p182、嬉戏 p183、顺从 p185

67 骑跨行为

- 无论什么时候，你的狗狗只要见到其他狗狗，就会跳到它身上，用整个身体将它固定住。
- 客人们一进门，你的约克夏梗就紧紧地将自己裹在客人们的大腿上，开始快乐地抽动。
- 看到你的狗狗和沙发抱枕的亲密行为，真的让你有些难为情——你甚至想替它把灯光调暗，再播放些音乐，为它制造一个浪漫的氛围。

品种

- 斗牛梗
- 猎浣熊犬
- 德国短毛指示犬
- 拉布拉多寻回犬
- 罗威士梗
- 短毛牧羊犬
- 标准型雪纳瑞犬
- 约克夏梗

❓ 狗狗为什么会这样

狗狗会对其他狗狗、无生命的物体甚至人的某个身体部位做出骑跨行为。它们这么做是为了表达自己的支配地位，或单纯地释放性欲。当已绝育的雄性犬或雌性犬骑到另一只狗狗身上时，它想表达的是"你要听我的"。另一只狗可能允许这种行为，也可能转过身攻击背上的狗狗。

对枕头、毯子、玩具或其他物体做出骑跨行为就是出于狗狗的性本能。当雄性犬找不到与之交配的雌性犬时，就会发生上述行为。未阉割的雄性犬身体中充斥着睾丸素，因此有强烈的交配欲望。如果它们没有正常的方式发泄这种欲望，就会找到一个替代品，甚至会对它们选择的欲望对象痴迷，不管那是什么东西。

兽医笔记

未阉割的雄性犬会面临健康问题，包括前列腺增大、前列腺癌、睾丸癌和肛周肿瘤等疾病。

✔ 你该怎么做

未被阉割的雄性犬总是密切关注艳遇的机会，在周围没有雌性犬的情况下，它们会选择其他雄性犬、已绝育的雌性犬、你的腿或枕头作为替代物，释放它们的欲望。如果你没有让自己的狗狗繁殖并对繁衍出的后代负责的计划，那么应该给狗狗做阉割手术，帮助它们抑制荒唐肆意的性冲动。

你可以考虑"牺牲"一个抱枕或毛绒玩具，为狗狗缓解性需求。这样它就有了一个可固定的性欲对象，不会养成在整个家里随心所欲释放天性的习惯。鼓励狗狗利用你准备好的抱枕缓解性需求，把抱枕放在狗狗的床上——不要再放在沙发上。

如果你可怜的狗狗是别的狗狗想要骑跨的对象，那你需要教它一些防御的姿势，例如，坐下，防止狗狗骑在它身上。利用食物训练狗狗，当你看到想要交配的狗狗向你这边走来时，让你的狗狗迅速坐下。经过训练，它可以迅速坐下。如果是在室内，你可以让狗狗背对着墙角坐下，从而阻止其他狗狗从身后靠近。

行为类型：攻击 p178、寻求关注 p179、专横霸道 p181、性 p185

68 扯着绳子猛扑

- 散步的时候，你的狗狗看见另一只狗狗，立刻猛冲上去，差点儿把你拽倒。
- 你的孩子不敢去遛狗，因为他们总是被狗狗拖着跟在后面跑。
- 散步的时候，你的狗狗总是扑向别的狗狗，然后因为被项圈勒住脖子而咳嗽不止。

 兽医笔记

狗狗不断扯着绳子扑向别的狗狗，就有损伤气管的风险，特别是那些小型犬。

品种

- 澳大利亚牧羊犬
- 松狮犬
- 史宾格犬
- 大丹犬
- 拉布拉多寻回犬
- 约克夏梗

狗狗为什么会这样

 ## 你该怎么做

狗狗出去散步时看见其他狗狗会变得十分兴奋，它非常想和遇见的狗狗接触。它的行为可能是友好的，也可能是具有攻击性的。你可以通过观察狗狗的其他姿态来分辨。有时狗狗是在准备防御，因为它察觉到有其他狗狗正在侵入它的地盘，然而其实可能是路过的邻居或是你——牵着绳子的那个人。

如果狗狗脖子上的毛根根竖立，凶猛地吠叫，而且龇着牙，那么它很可能是想扑上去攻击其他狗狗。另一只狗的反应也会为你的判断提供线索。如果另一只狗也报以同样的行为动作，或者表现出畏缩或其他顺从行为，如夹起尾巴，那么你的狗狗很可能在传达攻击性。

你的狗狗也很可能是想和另一只狗狗玩耍，所以才那么兴奋。幼犬如果有扯着绳子猛扑的行为，通常是因为它们急于找乐子。奔向玩伴的幼犬会一边拽着你的胳膊向伙伴冲过去，一边耷拉着耳朵，扭动着身体，兴奋欢快地尖声吠叫。它有些不耐烦，因为它想快点加入嬉闹当中——时不我待。

不管你的狗狗扑向另一只狗狗是为了和它打架还是一起玩，纠正方法都是一样的："顺从牵引带"训练。

散步的时候，你的狗狗需要意识到你才是它的领导，它应该服从你的指令。最好在幼犬期进行适当的牵引带散步训练，这样很容易让它养成好习惯。即使你的狗狗是从收容所收养的成年犬，你还是可以改掉它猛扑的坏习惯。

训练的时候，最好选择短的牵引带，而不是长牵引带或可伸缩的牵引带，这样你可以更好地控制你的狗狗，限制它的活动范围。当你的朋友带着一只有良好社交习惯的狗狗从你们身边经过时，命令你的狗狗"坐"或"看我"。如果你的狗狗遵从你的命令，没有扑上去，那么一定要奖励狗狗。依靠每一次的成功，必定能培养出好的习惯。

行为类型：自信 p180、好奇 p181、专横霸道 p181、高兴 p182、嬉戏 p183

69 身体撞击

- 欢迎来到狗狗的球类游戏中。当强健的身体、快速的奔跑可以得分时，谁还需要球呢？
- 一只激情高涨的斗牛梗在游戏中以一个全身撞击把它的凯恩梗小伙伴撞到了空中。
- 强壮、精力充沛的拳师犬从来学不会收敛摆动身体的热情。

品种

- 美国斗牛犬
- 美国斯塔福郡梗
- 拳师犬
- 斗牛梗
- 拉布拉多寻回犬

狗狗为什么会这样

狗狗有一百八十多个不同品种，它们从体形到性情都各不相同。有些狗喜欢安静地玩耍，或者找一个有遮挡的地方小憩一会儿；有些狗狗喜欢沿着狗狗公园的围栏站在场外，"汪汪汪"地叫着，像个啦啦队队长；还有些狗狗认为没有比释放激情、来个粗暴的身体碰撞更有趣的游戏了。

很多恶霸犬会在游戏中非常自然地进行身体碰撞。它们就是当地狗狗公园中狗狗游戏的破坏者。它们发出游戏邀请的方式就是全速冲向其他狗狗，并试图把它们撞倒在地。恶霸犬发现这种玩耍很有趣，而其他狗狗——不知道如何理解这种粗暴的嬉戏玩闹——很可能认为这具有侵略性，而且很痛苦。

有些狗狗故意用身体猛击其他狗狗来出风头。这些狗很可能会挑选一只顺从的狗狗，它知道自己一定可以把这只狗撵得四处乱窜，以此向其他狗狗展示它想成为这里的老大。

你该怎么做

你该知道什么时候需要出手干预。一开始身体碰撞可能只是一种游戏策略，但很快就会升级为一种危险的支配地位的展示，甚至是攻击性的展示。如果一只狗狗在游戏中一直表现得粗鲁无礼，那就把它赶走，直到它的不当行为被纠正。

为狗狗选择适合它游戏风格的犬类玩伴，让身体碰撞型的狗狗一起玩打打闹闹的游戏吧，并且让游戏中的狗狗轮流成为追逐者和被追逐者。为了你的狗狗的安全，不要让身体碰撞型狗狗和患有关节炎或有关节问题的大龄犬玩耍，也不要让它们与体形较小的玩赏犬玩耍，如吉娃娃。

狗狗如果毫不顾忌自己犬类玩伴的健康而进行身体碰撞，那它们也会对人做出同样的动作。这样的狗狗需要进行服从训练，提高它们面对犬类和人类的社交技巧。

 兽医笔记

在过度粗暴的游戏中，被撞击的一方很容易肌肉拉伤，甚至是腿部骨折。为了修复这些损伤，需要做手术，而且受伤的狗狗不能随意活动。

行为类型：攻击 p178、寻求关注 p179、自信 p180、专横霸道 p181、嬉戏 p183

70 身体僵硬地前倾

- 散步时，当你的狗狗看到另一只狗狗靠近，会身体前倾，把重心落在前肢上。
- 每当看到送货卡车经过，你的狗狗就会踮着前脚尖站立。

品种

- 秋田犬
- 阿拉斯加雪橇犬
- 拳师犬
- 斗牛梗
- 杜宾犬
- 德国牧羊犬
- 德国短毛指示犬

 ## 狗狗为什么会这样

如果一只狗身体前倾，只靠前爪支撑，几乎踮起脚尖，那表示它正准备发动攻击。处于这种姿势的狗狗通常处于统治支配地位。它们准备发动战争来保护自己的地盘，也可能是为了牵着绳子的主人。

身体僵硬地前倾，可以使狗狗看起来更高大，对其他狗狗或它认为有危险的人更具威胁性，这个动作也能使狗狗快速向前扑去。

 ## 你该怎么做

如果你的狗狗做出这种肢体语言，你要保持警惕，因为战斗一触即发。如果你们在散步，那就紧紧抓住狗狗的牵引带，对另一只狗狗敬而远之，这样你的狗狗就不会冲上去和它接触。

兽医笔记

如果你的狗狗踮起脚尖，你要密切关注它。它很可能准备好要发动战争了，这可能会导致两条狗都受伤。

行为类型：攻击 p178、自信 p180、专横霸道 p181

71 同床共眠

- 你的家里可能有四张狗狗的床，但似乎总有一张是狗狗们的最爱，它们都想要同一时间在这张床上休息。
- 两只关系亲密的狗狗在一张床上享受狗狗间的拥抱。
- 在寒冷的夜晚，相互拥抱的朋友会像天然火炉一样产生热量。

- 该行为不限于特定品种。

兽医笔记

有些狗狗得了重病或刚做完手术，在康复期间需要拥有自己的床。像人类一样，狗狗只有好好休息，拥有不被打扰的睡眠，才能更好地康复。

狗狗为什么会这样

还记得迪士尼经典电影《小姐与流浪汉》吗？里面就有两只狗狗共享一份意大利面的情节。这就是单纯的狗狗之间的爱——共享同一张床也是一样的。

狗狗是群居动物。晚上，靠着另一只可信赖的狗狗的后背而眠，狗狗会本能地感到安全。睡在一起，它们就可以一起对抗任何夜间真实的或感觉上的威胁。

你该怎么做

如果一只狗狗在兽医诊所或寄宿犬舍住了一夜，等它回到家中时，留在家里的狗狗闻到它的气味，会认为它是一名不速之客，这时，狗狗们会发生争吵。为防止此类事件的发生，拿一条微湿的手巾，在每条狗狗身上来回擦拭。这样它们就有了相同的气味，也就能再次开心地共享同一张床了。

行为类型：喜爱 p178、焦虑 / 压力 p179、高兴 p182

72 偷食物和玩具

- 在本地的狗狗公园，你的狗狗会去偷其他狗狗的球和玩具。
- 发声玩具从你手中掉到地上的那一秒，你鬼鬼祟祟的狗狗就一个俯冲，完成了"夺走—逃跑"一系列动作。

品种

- 该行为不限于特定品种。

兽医笔记

你的狗狗可能会选错对象，试图从自己打不过的狗狗那里偷玩具或食物，因此可能会被咬伤，需要兽医治疗。

狗狗为什么会这样

不遵守狗狗礼仪的小狗崽和幼犬会陷入"我的，我的，全是我的"的心态。它们对自己的欲望和别人的需求一无所知。

有些狗狗喜欢收集东西。它们会把玩具和食物藏在自己的床上或卧室壁橱里某一个秘密地方。储藏的玩具和食物越多，它们就越有成就感。

你该怎么做

你的狗狗需要上一节关于分享的课程，以阻止它疯狂犯罪。你的爱犬需要留意的几个关键词是"丢掉""离开"和"留下"。"离开"的意思是不要捡不属于你的东西；"丢掉"的意思是马上把它吐出来；"留下"意味着去公园玩，而不要在房间、邻里街坊、游乐场或其他易引发偷窃意图的地方游荡。

当你分发食物时，把你的狗狗们分隔开。将狗狗喜欢的玩具放在高处，在你能控制整个游戏过程的时候再把它拿出来。

行为类型：寻求关注 p179、自信 p180、专横霸道 p181、嬉戏 p183

73 从房子里向外吠叫

- 你的狗狗可能在对人行道上被牵着的狗说："嘿，小鬼，谁准许你进入我的地盘的？"
- 狗狗扑向、抓挠玻璃窗，冲着窗子吠叫，给客厅挂窗帘根本阻止不了它。

品种

- 澳大利亚牧羊犬
- 猎狐梗
- 德国牧羊犬
- 迷你雪纳瑞
- 苏格兰梗
- 西高地白梗

 ## 狗狗为什么会这样

这些很可能是狗狗虚张声势的叫声，它们清楚地知道，和外面招摇过市的罗威纳犬相比，自己更小、更弱。这些狗狗知道，因为厚厚的窗户玻璃，外面的狗狗根本抓不到它们，吠叫让它们有那么几秒钟觉得自己很强大。

其他狗狗并不知道，地界线结束的地方是人行道的开始，存在着领地问题。奇怪的是，有些狗在屋子里会对着它们的犬类伙伴发出攻击性的吠叫，但当它们面对面时，它们又会非常亲热、欢快地打招呼。

你该怎么做

限制你的狗狗进入客厅，这样它就无法发动它密集的狂吠攻击。

教狗狗学会听懂"安静"的指示。当它安静的时候给它最高级的食物作奖励，当它发出烦人的吠叫时，不要理它。你的狗狗很快就会知道哪种行为可以获得想要的奖励。

兽医笔记

关于这种行为并无具体的医学建议。

行为类型：攻击 p178、焦虑／压力 p179、无聊 p180、自信 p180、专横霸道 p181、害怕 p182

74 堵门口

- 你家那只颤抖的柯利牧羊犬看到你提着行李箱向外走，就一动不动堵在门口，不让你离开。
- 你的罗威纳犬堵在门口，就看你敢不敢从它身边溜过去。

兽医笔记

如果狗狗整夜守着自己去上厕所时需要打开的那扇门，那它很可能患有尿路感染，需要医生的治疗。

狗狗为什么会这样

狗狗知道每扇门的不同含义：到前门意味着几秒之后就要被牵出去散步了；经过后门就可以去上厕所了；而通往车库的门意味着要坐车出门。

强势的、有支配欲的狗狗会用堵门口的方法固执地表达自己的愿望。它们知道你不会轻易从它们身边溜走并忽略掉它们。

过度焦虑或依赖的狗狗会堵在门口，因为它们不能忍受你把它们单独留在家里。又一次："唉——"

狗狗通常会在后门守着，因为它们需要去外面上厕所。然而因为它们没有拇指，所以没办法自己开门。

你该怎么做

你家那只毛茸茸的、堵门口的小家伙需要再次接受教育了，为了让它坐回自己的床上或小毯子上，在你出门的时候，告诉它"去你自己的地方"，并向那个方向扔些吃的东西。

或者，在你准备离开的时候，把它关在一个房间里。

品种

- 该行为不限于特定品种。

行为类型：攻击 178、焦虑 / 压力 p179、寻求关注 p179、专横霸道 p181、害怕 p182、悲伤 p184

75 靠在你身上

- 当你看电视时，你的狗狗使劲儿靠着你。
- 你的狗狗一看到陌生人，就会用力贴紧你。
- 你的裤子上总是有一层萨摩犬的毛。

品种

- 美国爱斯基摩犬
- 德国牧羊犬
- 金毛寻回犬
- 意大利灵缇犬
- 拉布拉多寻回犬
- 罗威纳犬
- 萨摩犬
- 惠比特犬

 ## 狗狗为什么会这样

狗狗靠在人身上这种行为有多种原因：在你抚摸狗狗时，它靠在你身上，这是爱的表现；如果它在紧张的时候靠过来，那是在向你寻求保护；如果有人靠近时，它靠在你身上，并且脖子上的毛竖立起来，它是在试图保护你。然而，如果它倚靠着你，并且不让你动，那么狗狗存在过于强势的支配欲问题，亟待解决。

你该怎么做

关于狗狗倚靠你身体这种行为，你应该根据不同原因采取不同的处理方式。如果这种行为和没有安全感或强势的支配问题有关，那么服从训练是解决问题的关键。通过训练，狗狗会有安全感，并且知道你才是它的头儿。

 兽医笔记

如果狗狗突然倚靠你，而它之前从未有过这种行为，那么它很可能是感到不舒服，甚至可能生病了。

行为类型：喜爱 p178、焦虑／压力 p179、寻求关注 p179、专横霸道 p181、害怕 p182

76 舔你的脸

- 你的约克夏梗喜欢跳到你的怀里，把你的下巴弄得全是口水。
- 当家里来客人的时候，你不得不把狗狗关在后面的卧室里，因为它会用舌头给所有人洗澡。
- 你需要一直洗脸，因为满脸都是狗狗的口水。
- 你需要不断抵挡拉布拉多寻回犬讨厌的亲吻，你真的有些不耐烦了。

❓ 狗狗为什么会这样

当狗狗舔你的脸时，它在试图让你知道，在它眼里，你是占有统治、支配地位的那个。在野生世界里，狼会舔狼群里那些等级较高的成员的脸。你的狗狗在用舔脸这种方式告诉你："你是我的老板，我希望你接受我、帮助我。我威胁不到你。"

通过表达这种情感，狗狗提示你要喂它、照顾它，就像野生世界里，雌性犬或群体的统治者为它做的一样。

幼犬非常喜欢舔脸。很久以前，狗狗的祖先在狩猎后，会反刍一些半消化的食物喂食幼犬。通过舔妈妈的脸，幼犬能触发妈妈的反刍反射。虽然现代的狗狗已经没有这种反射反应了，但幼犬依然保留了舔成年狗和人脸的本能。

幼犬们也用舔脸来表示："我只是一只小狗，又小又无助。我威胁不到你，所以请不要伤害我。"

- 金毛寻回犬
- 拉布拉多寻回犬
- 捕鼠梗
- 喜乐蒂牧羊犬
- 玩具贵宾犬
- 约克夏梗

✅ 你该怎么做

尽管狗狗舔你的脸是在传达一些积极的信息，但是你可能不太喜欢这个充满口水的行为。大多数人都不喜欢狗狗舔自己的脸，因为他们觉得这不卫生。另外，这种情形很难应付，特别是当你的狗狗巧妙、快速地将舌头伸进你的鼻孔或嘴里时。

舔舐脸部是狗狗的一种强烈本能，因此很难完全消除这种行为。但是你可以清楚地让狗狗知道你不喜欢它的这种行为。如果它开始想用舌头舔你的脸，那么结束你的爱抚，站起来，并立即离开。这样它试图舔你的行为一定会大大减少，因为它没有得到想要的回应。

 兽医笔记

如果你注意到狗狗有口臭，请带它去兽医那里检查一下。它可能患有牙周炎或牙齿发炎了。

行为类型：喜爱 p178、寻求关注 p179、高兴 p182、顺从 p185

77 咬你的手

- 你家的小狗崽总是想要咬你的手。
- 你已经有些厌烦，感觉到小狗崽那细小的、针一样的牙齿。
- 当你看电视的时候，你的金毛寻回犬坐在旁边用嘴衔住你的手。
- 客人不愿意和你的狗狗互动，因为它的口水流了他们一手。

品种

- 边境牧羊犬
- 卡迪根威尔士柯基犬
- 史宾格犬
- 金毛寻回犬
- 斯塔福郡斗牛梗

❓ 狗狗为什么会这样

当狗狗想要博得你的注意或想要玩耍时，动嘴是它们自然而然的行为。这是它们的一种交流方式，它们是在说："嘿，看看我！"这种吸引注意力的方法通常是有效的，因此狗狗经常有这种行为，并且它们坚信应该将这种行为坚持下去。

因为狗狗没有手，所以它们用嘴来抓取东西。如果狗狗用嘴轻轻衔着你的手，它是想和你交流。虽然看起来并不明显，但这通常是表达喜爱的一种行为。

小狗喜欢把咬手当成一种游戏。当狗狗们玩耍的时候，它们会彼此用嘴轻咬对方。这个时候，它们会控制咬的力度，不会使自己的小伙伴受伤。小狗也会和人类玩同样的游戏，而手对它们来说，是一个非常明显的目标。狗狗会把注意力集中在人的手上，因为你用手来抚摸狗狗。

✓ 你该怎么做

虽然狗狗咬你的手，并不是想要伤害你，但是我们仍然不鼓励这种行为。这种行为不仅讨厌，而且还很危险。狗狗会在玩耍的时候不小心把你的手咬伤。特别是幼犬，它们的牙齿很锋利，如果太用力，就会把手咬伤。

一些驯犬师认为，绝对不能允许狗狗的牙齿接触人类的皮肤，这是训练狗狗不咬人的重要部分。他们的理由是，如果一只幼犬意识到，用牙齿咬人永远都是不对的，那么它长大后就不太可能咬人了。

改掉狗狗咬你手的习惯，为它提供一个替代品，比如咀嚼玩具。大多数狗，尤其是小狗，会很乐意叼着玩具咬，而不是。如果你的狗狗拒绝咬玩具，并且坚持用嘴咬你的手，那么你应该结束和它的互动，然后走开。如果你这样做，它就会知道咬手对它来说没有任何好处。

 兽医笔记

咬手对狗狗的健康没有危害，但可能会伤害到你。

行为类型：喜爱 p178、寻求关注 p179、嬉戏 p183

78 咬人

- 当你的孩子和狗狗一起在后院玩耍的时候，你家的柯基犬咬了孩子的脚踝。
- 当你想要把狗狗抱下沙发时，狗狗咬了你一口。
- 当你想要爱抚你的小狗时，它在你脸上咬了一口。
  - 你家蹒跚学步的小宝宝拽了狗狗的尾巴，狗狗转身咬了孩子。

品种

- 澳大利亚牧牛犬
- 卡迪根威尔士柯基犬
- 吉娃娃
- 德国平犬
- 杰克罗素梗
- 拉萨犬
- 彭布罗克威尔士柯基犬

❓ 狗狗为什么会这样

幼犬在玩耍时会咬人。在幼犬的意识里，动口是和兄弟姐妹或其他狗狗小伙伴打闹的一部分。当它们离开和自己一起出生的兄弟姐妹，来到一个新家时，通常还会带着这个习惯。不幸的是，幼犬和人一起玩耍时，还是会延续这种行为。

成年犬会把咬人作为一种警告。它们在传达这样一个信息——它才是占有支配地位的那个，或者是它希望你停下来，无论你在做什么，因为它们感觉受到伤害或觉得害怕。

那些认为自己是老大的狗狗是最危险的咬人者。如果狗狗在你想把它从沙发上或床上移开时咬你，它是在说："我说了算，我让你走开。"

有些狗狗会咬人，因为它们具有放牧的本能。那些被养来与家畜互动的狗狗天生就很爱动口咬，因为它们的牙齿是对付顽固的牛羊的武器。对这些狗狗来说，啃咬是它们放牧方式的一部分。

✓ 你该怎么做

虽然有的时候被小狗咬很好玩，但这是一个不可以纵容的行为，应当被立刻制止。最好的方法是，当幼犬有咬人的动作时，马上离开它。你的狗狗很快就会明白，这个动作意味着结束与你的交流。

对于牧羊犬，应该在幼犬期就教育它们绝对不可以咬人。不断并坚定地对它们说"不可以"，并且在出现这种行为时终止游戏，这样就足以将信息传达给狗狗。

你并不想让你的狗狗在家里做主吧。咄咄逼人、专横的狗狗需要了解你才是家里的老大。要做到这一点，最好的办法是进行服从训练。

兽医笔记

和兽医一起寻找解决办法。你的狗狗可能同时需要行为矫正术和镇静药物来改掉这种不可理喻的行为。

要知道狗狗咬人可能会造成严重的后果。

行为类型：攻击 p178、专横霸道 p181、害怕 p182、嬉戏 p183、捕猎 p184

79 与人初次见面时尿尿

- 你的兄弟用洪亮的大嗓门给你讲笑话，害怕的狗狗把地毯尿湿了。
- 在和你的叔叔初次见面时，你的可卡犬用一泡尿表达了对他的敬畏和钦佩。
- 高大的邮递员俯下身爱抚你家害羞的查理士王小猎犬，几秒钟后你发现路上有一个湿的圈圈。
- 如果你知道你的狗狗爱撒尿，最好储存一些清洁材料。

品种

- 查理士王小猎犬
- 吉娃娃
- 可卡犬
- 腊肠犬
- 英国斗牛犬

狗狗为什么会这样

在见人时小便是胆小的狗狗无法控制的一种行为。对于顺从的狗狗来说，与人见面真的可以把它吓尿。在见面和打招呼时，最容易出现膀胱失控的狗狗品种排行榜中，可卡犬名列榜首。

幼犬没有控制小便的肌肉，它们一兴奋就会不由自主地排尿。大多数狗狗长大后就不再有这样的问题了。

一个人的身材、姿势（俯身或冲上去和狗狗打招呼）、洪亮的声音、狂野的手势或情绪（严厉或愤怒）都可能引发顺从的狗狗小便。在狗狗的世界里，这是用来宣布自己不会构成威胁且不会伤害别人的常用方式。嘈杂的音乐、夫妻间的争吵，或严厉的责骂都可能导致狗狗排尿，或表现彻底的屈服，通常，这只狗还会畏缩或颤抖。

当狗狗最喜欢的人回到家中或走进房间时，狗狗会变得过于兴奋，它们会冲过来，给这个人密集的亲吻，不断摇尾巴，与此同时也会给地板来一次"淋浴"。

 ### 兽医笔记

膀胱感染可能会导致狗狗小便不受控制。

有些狗狗存在泌尿问题，需要手术或药物治疗。

你该怎么做

首要原则是：千万不要责骂或体罚一只因为顺从而尿尿的狗狗。这种惩罚行为只会加剧这种情况。虽然你会感到沮丧，但最重要的是清理干净，不要做任何评价。

当你回家的时候，用平静的语气和狗狗说话，避免快速或激烈的动作，这样可以缓和狗狗过度的兴奋。不要说什么，马上把狗狗带到外面去上厕所。只有当它在外面小便的时候才用赞美的语气表扬它。

让冷静的朋友在户外和你的狗狗打招呼。让他们蹲下，与狗狗等高，伸出手让被你牵着的狗狗嗅一嗅。告诉你的朋友们不要俯下身看狗狗，因为在犬类世界，这是一种威胁的姿势。让他们蹲下或坐下，给狗狗调整的时间，让它主动靠近，帮助它建立信心。让你的朋友们给狗狗一点儿食物。

你要有耐心。一只害羞、胆小的狗狗需要时间来建立自信，这样它才能积极、平静地认识新的人。

行为类型：焦虑 / 压力 p179、害怕 p182、高兴 p182、顺从 p185

80 嗅客人

- 你的牧师登门拜访，你家那只西伯利亚哈士奇非常巧地把长鼻子放在他的裆部。
- 大丹犬只要深深一嗅，就能知道你的客人最近吃了什么、他心情如何，以及他是否碰巧也有自己的狗狗。
- 你的两只约克夏梗径直奔向你朋友的裤腿，它们一边围着朋友的腿转圈，一边频繁地嗅嗅嗅。

品种

- 美国猎狐犬
- 巴辛吉犬
- 比格犬
- 寻血猎犬
- 大丹犬
- 挪威猎鹿犬
- 罗得西亚脊背犬
- 西伯利亚哈士奇
- 约克夏梗

狗狗为什么会这样

狗狗不认为嗅探是一种坏行为。这只是它们的一种本能，它们认为这是狗狗的礼仪。毕竟，鼻子给狗狗提供了大量"被嗅者"的细节。狗狗的鼻子甚至能捕捉到最微小的气味分子，它们会把这些气味下载到狗狗的嗅觉感受器中，然后迅速分析。就像狗狗会嗅其他狗狗的屁股来收集信息一样，狗狗会瞄准人的裆部，是因为这里有最强烈的气味。

狗狗，特别是嗅觉猎犬，会通过嗅人寻找食物，并发现潜在的危险。它们会将新来的人粗略地嗅上一遍，并以此判断他们是朋友还是敌人。

有些狗狗就是固执且咄咄逼人。它们不知道什么是社交界限，在和别人初次相见的时候，就会毫不犹豫地侵犯别人的私人空间。这些狗狗在第一次和其他狗狗打招呼时也往往会表现得非常不礼貌。例如，它们会在介绍时向前猛冲，或者试图与另一只狗交配。

 兽医笔记

关于这种行为，没有具体的医学建议。

✓ 你该怎么做

对于一只喜欢和任何人打交道的狗狗来说，是时候严格控制它了。当有客人按门铃的时候，拴住你的狗狗，用绳子束缚住它，使它不能像往常一样跑过去闻来闻去。让它把注意力集中在你身上，听从"坐下"命令。这样做的目的是让狗狗明白，这是说"你好"的最佳方式。如果它这样做了，别忘了给它奖励。

教你的狗狗用"握手"代替嗅探。开始的时候，你来和它一起练习。将食物藏在手心，把手放在狗狗鼻子下面。大多数狗狗都会伸出爪子来抓食物，这时抓住它抬起的爪子，友好地摇晃，并夸赞"很棒的握手"，然后把食物递给它。接下来，让它和了解狗狗习性的朋友们一起练习。

针对固执的狗狗，准备一个喷雾瓶，在里装满醋、水或者薄荷喷雾剂，就放在前门附近。当你的狗狗准备把鼻子放到人的裆部时，瞄准狗狗并喷洒喷雾。大多数狗不喜欢这种喷雾剂。但是不要对你的狗大吼大叫，也不要喷狗狗的眼睛。

行为类型：喜爱 p178、寻求关注 p179、好奇 p181、专横霸道 p181、嬉戏 p183、性 p185

81 拔河

- 你家的拉布拉多寻回犬用力扯着打结的绳子，你觉得它一定会拔掉自己的牙。
- 如果你还想成为棒球联赛的投球手，那就不要和你的杜宾犬玩拔河游戏，因为那很可能使你的肩膀受伤。
- 你得去工作了，但是你却不能抗拒狗狗的魅力，因为它把拔河玩具扔进你的怀里，并俯身来了一个邀玩鞠躬。

品种

- 美国斗牛犬
- 美国斯塔福郡梗
- 凯恩梗
- 杜宾犬
- 杰克罗素梗
- 拉布拉多寻回犬

❓ 狗狗为什么会这样

与人玩拔河是由狗狗跟踪、捕捉、杀死猎物转化而成的一种文明化形式。这是一个游戏，如果方法得当，会为狗狗的捕猎本性提供一个健康的发泄途径。

拔河不仅要求狗狗的体力和敏捷性，还需要狗狗的智慧。对于狗狗来说，这无异于人类一边表演体操一边下象棋。这是一场体力和脑力的双重运动。和"寻找隐藏的食物"那些简单游戏相比，拔河比赛更具挑战性，更受大多数狗狗欢迎。

狗狗喜欢坑拔河游戏还有其他原因：它可以以适当的方式增强信心，释放压力。在这个狗狗最喜欢的游戏中，充满活力的狗狗可以"杀死"猎物，赢得比赛，甚至会高兴得跳一小段狗狗的胜利之舞。

✅ 你该怎么做

制订拔河比赛的规则，记住：在狗狗的心目中，拔河比赛是一场游戏，而你，只有你，才能决定比赛何时开始，何时结束。

为狗狗选择耐用、安全、大小适合的拖拉玩具。不要选择很容易就会散开的拖拉玩具，也不要选那些带有锋利边缘的玩具，这可能会割伤它的嘴，或损伤它的牙龈。

以积极、欢快的语调宣布比赛开始。在开始拔河前，让狗狗"坐下"。在玩的过程中，强化狗狗执行"放下"的指令。如果它不放下玩具，就停止游戏。

在拔河比赛中，完全可以接受狗狗赢得比你多。但是每次游戏，你至少要赢三分之一，从而维持你较高的地位，并保持游戏对狗狗的吸引力。

你可以变幻游戏花样，将玩具系在绳子一端，拖在地上移动，让狗狗追逐，或者把拖拉玩具扔出去，让狗狗把玩具叼回来。

 兽医笔记

过度兴奋的狗狗可能会在游戏中受伤，如果你发现出血或牙齿松动的迹象，立即带狗狗去看兽医。

行为类型：寻求关注 p179、无聊 p180、自信 p180、专横霸道 p181、高兴 p182、嬉戏 p183

82 尾随

- 你的狗狗安静地跟着你，从一个房间到另一个房间。
- 你在厨房里一个转身，差点儿被你的腊肠犬绊倒。

品种

- 吉娃娃
- 腊肠犬
- 英国指示犬
- 玩具贵宾犬
- 约克夏梗

兽医笔记

如果你的狗狗突然变得很黏人，很可能是因为它生病了，如胃炎、糖尿病，或其他疾病，需要治疗。

对于患有分离焦虑症的狗狗，可以让兽医开一些具有镇静效果的药物，或进行行为矫正训练。

❓ 狗狗为什么会这样

被虐待过的狗狗会将营救、收养它们的人视为英雄，在它们眼里，那些人掌握着保护它们安全的钥匙。它们不想让主人消失在自己的视线里。

无聊的狗狗，身体和脑力都没有得到充分锻炼，会紧跟在人身后，只是为了找点儿事儿做。

有的狗狗缺乏自信，而主人也会一直关注它们，并柔声细语地像对待小宝宝一样跟它们讲话，这样的狗狗很容易产生严重的分离焦虑。

✓ 你该怎么做

你可能喜欢这种被狗狗关注、依赖的状态，但请把这种行为扼杀在萌芽状态。不要一直关注你的狗狗，停止和它柔声细语地谈话，也不要抱着狗狗从一个房间到另一个房间。这些行为只会让它更加焦虑。忽略它，避免狗狗变得像魔术贴一样。

在你做饭的时候，把狗狗关在厨房外面，或将狗狗放进窝里，这样你就不会被它绊倒，使你们两个都受伤。

83 坐在你脚上

- 当你坐在办公桌前回复邮件的时候，你的狗狗走过来，坐在你的脚上。
- 你正站在厨房和自己的爱人谈话，这时，你的狗狗走过来一屁股坐在你的脚上。

品种

- 阿拉斯加雪橇犬
- 边境牧羊犬
- 拉布拉多寻回犬
- 罗威纳犬
- 西施犬

？ 狗狗为什么会这样

狗狗坐在你的脚上，是因为它喜欢身体接触，或者因为它想要监视、控制你的行为。

如果你有一只焦虑症狗狗，无论你走到哪里都跟着你，那它坐在你脚上很可能是想确定，你绝对不会背着它离开房间。

你该怎么做

狗狗坐在你脚上的原因是很重要的。如果狗狗这么做只是为了靠近你，那么学着欣赏它表达喜爱的姿态。你可以根据狗狗平时的表现判断狗狗的动机。如果你的狗狗是一只深情的狗狗，那它平时也会喜欢与你和其他家庭成员进行身体接触。

如果你的狗狗经常表现得很霸道，那它这么做只是为了阻止你移动。这样的狗狗需要进行服从训练。

 兽医笔记

如果你的狗狗是为了靠近你而坐在你脚上，那么趁机好好检查一下它的身体，看看是否有肿块、碰伤或虱子。

行为类型：喜爱 p178、焦虑／压力 p179、寻求关注 p179、专横霸道 p181、害怕 p182

84 霸占你的床

- 你晚上根本睡不好，因为你的狗狗一直把你往床下挤。
- 你的爱人上床睡觉，想把狗狗挪到一边，这样的举动会惹得狗狗愤怒咆哮。
- 你在工作时间打盹儿被老板批评，你知道真正该被责骂的应该是家里那只霸占你枕头的狗狗。

? 狗狗为什么会这样

狗狗认为它们是家里的成员，而你是它们族群里的一员。在野生世界中，族群里的成员应该睡在一起，所以狗狗理所当然地认为，晚上家里的所有成员都应该挤在一起睡觉，当然也包括它。

除了抢占床铺和枕头这一点让人无法接受外，和狗狗一起睡觉其实也还不错。狗狗四仰八叉地躺在床上，只给同睡的人留一点点空间。或者把头埋在枕头的中间，害得你只能枕在枕头边缘上睡觉。如果你想移动一只这样的狗狗，只会惹得它们发出抱怨的呻吟、愤怒的咆哮，甚至会厌恶地咬人。即使狗狗不反对被移动，然而，你一旦睡着，它们就会立即回到之前的位置。

像人类一样，狗狗喜欢舒舒服服地睡觉。它们会占据尽可能大的地方，使自己能伸展身体，放松地入眠。

✓ 你该怎么做

一些驯犬师不鼓励狗狗和你睡在一张床上。他们认为这样会让狗狗认为自己和家里的人类成员具有平等的地位，甚至更尊贵。让狗狗睡在自己的床上是在向它传达这样一个信息——它是家庭的从属成员。

如果因为狗狗占据床的大部分空间而使你睡眠不好，或者在你试图移动狗狗时，它向你做出威胁性动作，那么狗狗就必须睡在自己的床上。给它在宠物用品店买张舒服的床，然后把它的床安置在你的床旁边，这样它就不会失去安全感。如果它无视你坚持让它待在地上的要求，一再跳上你的床，那需要对狗狗进行圈养训练，在卧室里给它造一个窝，让它睡在那里。一开始，它会十分抵触这种新安排，但过一阵子，它就会习惯。

品种

- 卷毛比雄犬
- 波尔多獒
- 爱尔兰长毛猎犬
- 拉布拉多寻回犬
- 英国古代牧羊犬
- 标准贵宾犬

兽医笔记

如果你和狗狗一起睡，那请确保你做了彻底的预防跳蚤措施。你最不想看见的就是自己的床上有跳蚤出没吧。

行为类型：喜爱 p178、自信 p180、专横霸道 p181

85 扑人

- 你发誓你的杰克罗素梗扑过去、站起来，只是为了跟海伦阿姨打招呼。
- 被你家健壮的拉布拉多寻回犬扑倒的客人的数量一直在上升。
- 你的女朋友不喜欢你的秋田犬跳起来，把爪子搭在她的肩膀上，然后给她雨点般的狗狗热吻。

❓ 狗狗为什么会这样

当狗狗兴奋的时候，它们也想让你知道。从狗狗的角度来看，使出全身的力气扑向你是一种很棒的方式。但是，扑人不仅是令人讨厌的行为，而且十分危险，尤其是对儿童和老人来说——毫无意识的大型犬可以把他们扑倒在地。

体形小的狗狗特别容易跳到人身上。它们的目标是尽可能靠近你的脸——可能是为了舔你的脸。从狗狗的角度来看，最好的方法就是跳起来扑向你。很多时候我们会诱惑小狗跳起来，因为这些小型犬不会造成太人伤害。但是，它们也会抓伤腿、弄破袜子。另外，一只狗朝你扑来也是很烦人的事。

跳起来扑人确实可以让你的狗狗获得关注。如果一只体形庞大的兴奋的狗狗向你扑来，你很难做到视而不见。

 兽医笔记

在你训练狗狗不要扑人时要小心。不要用力推它，因为你可能会不小心弄伤它。避免它在落地的时候，四肢受伤。

✓ 你该怎么做

教你的狗狗遵守"下来"和"坐"的指令，阻止狗狗做跳跃动作。

给狗狗戴上口环，把它绑在一条1.8米或更长的牵引带上。然后让你的朋友站在这个距离之内，不要理睬你的狗狗，不要和它眼神交流，也不要说话。当你的狗狗准备扑过去打招呼时，用力拉紧牵引带，迫使狗狗把头转向你。坚定地对它说"下来"。当狗狗不再想要跳起来，并且坐下来时，立即对它说"很好"来标记这是你想要的行为，同时给它一些奖励。

每天和你的狗狗做几次这样的训练，教它学会合适且礼貌的见面礼仪。

 品种

- 秋田犬
- 卷毛比雄犬
- 拳师犬
- 吉娃娃
- 腊肠犬
- 杰克罗素梗
- 拉布拉多寻回犬
- 迷你雪纳瑞
- 彭布罗克威尔士柯基犬
- 标准贵宾犬

行为类型：喜爱 p178、焦虑 / 压力 p179、寻求关注 p179、自信 p180、专横霸道 p181、高兴 p182

86 放牧

- 你想去客厅看你最喜欢的情景喜剧，但你的边境牧羊犬坚持用鼻子将你拱进厨房，拱向它的食碗。
- 你家里养的猫咪偷偷从半掩着的门溜出去，你家的柯基犬把猫咪撵了回来，并得意扬扬地吠叫，显示它的成功。
- 当你和年幼的澳大利亚牧羊犬一起跑步时，你总是不能阻止它咬你的脚踝，哎哟！

品种

- 澳大利亚牧羊犬
- 比利时牧羊犬
- 边境牧羊犬
- 伯瑞犬
- 迦南犬
- 山地犬
- 挪威布哈德犬
- 英国古代牧羊犬
- 彭布罗克威尔士柯基犬
- 普利犬
- 喜乐蒂牧羊犬
- 瑞典柯基犬

狗狗为什么会这样

有些狗狗天生就有将人、农场动物、狗、猫，甚至无生命的物体从 A 点赶到 B 点的本领。美国育犬俱乐部认为有二十五种狗属于放牧品种，包括体形超大的英国古代牧羊犬和体形虽小但意志坚定的彭布罗克威尔士柯基犬。和其他狗狗相比，放牧品种的狗狗驱逐牛群或其他比它们大很多倍的动物到固定地点的本领更胜一筹。而它们放牧的手段就是跳跃或咬放牧动物的脚踝。

虽然许多家养犬没有机会去放牧，但它们放牧的本能依然强烈。有些聪明的狗狗，希望别人遵守规则，它们的规则，就是你要待在牧羊犬认为你应该在的地方。否则，牧羊犬会吠叫，用鼻子或身体轻推，甚至会咬人。有些狗狗无法抗拒追赶移动中的人，包括玩耍和奔跑中的孩子。

有些狗狗沉迷于接取和追逐物体，比如足球或网球。它们奔跑、叼取，然后移动物体，直至筋疲力尽。

你该怎么做

牧羊犬需要一个聪明的领导者，可以尊重并跟随的领导者——那就是你。为了防止牧羊犬的放牧行为，导致你或孩子不小心绊倒、摔倒，或者被咬，你需要为狗狗提供制订好的游戏及游戏规则。

开始的时候，将狗狗圈在它的窝里。当你家小孩在后院奔跑或玩耍的时候，将狗狗放在窝里，并放上一些食物和玩具，让它在里面待着。当孩子们做一些较为安静的活动，如看书或画画时，再将狗狗放出米。

为了引导狗狗释放充沛的活力，每天花十到十五分钟，让它在一个封闭的区域里追逐一些移动的物体。由你来宣布游戏的开始和结束，这样它会对你更尊重。或者让狗狗参加一个放牧训练课程，这样它就能在适当的地方释放自己的本能。

兽医笔记

牧羊犬可能会因用力过度，导致中暑。

它们也可能因过度兴奋而去咬其他狗狗，这很可能会导致狗狗受伤，需要兽医的治疗。

行为类型：寻求关注 p179、自信 p180、专横霸道 p181、嬉戏 p183

87 散步中途停顿

- 在小区散步时，你的狗狗是不是在每棵树、每个消防栓前都要停下来，闻一闻，看一看。
- 牵着狗狗跑步时，你的狗狗突然刹车，害得你差点儿摔倒。

兽医笔记

关于这种行为，没有具体的医学建议。

品种

- 美国斗牛犬
- 巴吉度猎犬
- 猎浣熊犬
- 德国短毛指示犬
- 拉布拉多寻回犬
- 斯塔福郡斗牛梗

狗狗为什么会这样

对于你来说，散步只是一项任务——带狗狗例行公事，然后匆匆赶回家。然而对狗狗来说，散步意味着欣赏尽可能多的风景，倾听尽可能多的声音，嗅闻尽可能多的气味，而且散步的时间越长越好。

有时狗狗会突然停下来是因为它们刚刚有了某个惊人的发现，比如它们的邻居——斗牛犬布鲁图斯一天前在树上撒的尿。

有些狗狗停下来是因为害怕，比如汽车或滑板经过时发出的声响，或有一只凶猛好斗的狗狗在向你们走来。还有些狗狗会停下来是因为太累了、太老了或者关节炎太严重了，它们真的一步也不想走了。

你该怎么做

观察周围的环境，弄清狗狗停下来的原因。如果它是害怕某种噪音，那么让它趴下休息一分钟左右，然后试着用食物诱惑它站起来。

注意观察狗狗的步态，年龄较大、得了关节炎或耗尽力气的狗狗会不断转移重心、步履缓慢、可能还会喘粗气。不要强迫狗狗走过长的距离。

行为类型：焦虑 / 压力 p179、好奇 p181、专横霸道 p181、捕猎 p184、性 p185

88 散步时咬牵引带

- 你的狗狗在街上悠闲地散步——嘴里叼着牵引带。
- 你家的幼犬一直啃咬皮质牵引带，根本停不下来。
- 当你抓住狗狗的牵引带时，狗狗就会咬牵引带，好像那是一条蛇。

品种

- 美国斯塔福郡梗
- 边境牧羊犬
- 斗牛梗
- 可卡犬
- 金毛寻回犬
- 拉布拉多寻回犬
- 迷你杜宾犬

兽医笔记

不断啃咬牵引带可能会使带子的皮质或尼龙破损，导致狗狗用力拉的时候牵引带断掉。这就潜藏着危险，因为狗狗很可能失去约束而跑入车流之中。

狗狗为什么会这样

萌牙期的小狗看见什么都会咬一咬。它玩得很开心，以为带子是牙胶玩具。

年长的狗狗用咬牵引带的方式测试它在家中的地位。如果它不确信你是领导，它就会挑战你的权威。带着这种态度的狗狗把牵引带看作是你的手的延伸。它们用嘴咬着牵引带是试图从自己的管理者手中夺取控制权。

你该怎么做

在散步前的三十分钟，给幼犬一个凉的、中空的橡胶咀嚼玩具，让它出牙中的牙龈舒服一些。这会使它的下颚肌肉感到疲劳。

在牵引带上喷一些辣椒水或其他狗狗不喜欢的气味，防止它们啃咬带子。

给狗狗报服从训练课程，教狗狗如何"顺从"地散步。

可以考虑选择带有柔软把手的金属链牵引带，阻止狗狗啃咬牵引带。

行为类型：寻求关注 p179、自信 p180、专横霸道 p181、嬉戏 p183

89 用鼻子把你拱醒

- 你的爱尔兰长毛猎犬有个坏习惯，到了凌晨两点就会极度饥饿。
- 你家十周大的幼犬会用它冰冷的鼻子为你提供叫醒服务。
- 你的爱犬刚刚发现了一个网球，现在到了午夜接取游戏时间了。

品种

- 澳大利亚牧羊犬
- 边境牧羊犬
- 爱尔兰长毛猎犬
- 拉布拉多寻回犬
- 标准贵宾犬

❓ 狗狗为什么会这样

不足五个月的幼犬膀胱很小且弱，它们无法坚持七八个小时不去小便。它们会向自己两条腿的头儿——也就是你求助，请你带它出去上厕所。

你家的成年犬已经养成不在室内大小便的习惯。但它们可能因为吃错东西或晚餐时狼吞虎咽而肚子不舒服，它想到后院去，所以需要你的帮助。

狗狗们超爱接取游戏，永远玩不够。它们很想夜以继日地玩——谁还需要睡眠呢？

✓ 你该怎么做

让狗狗养成定时上厕所的习惯。晚上七点以后不要让狗狗吃太多或让它喝大量的水。

如果你的狗狗沉迷于接取游戏不能自拔，那就把狗狗关在笼子里睡。睡觉前带它运动三十分钟，并且在它的笼子里放一个咀嚼玩具。

 兽医笔记

如果狗狗总在半夜小便，它可能患有尿路感染，需要药物治疗。

行为类型：喜爱 p178、焦虑 / 压力 p179、寻求关注 p179、无聊 p180、嬉戏 p183

90 抓人

- 你刚想坐下放松一会儿,你的狗狗就开始抓你。
- 兴奋、饥饿的狗狗在厨房里抓你的小腿。
- 你把裤袜放在车里,因为你已经厌倦了狗狗总是把裤袜抓破。

品种

- 澳大利亚牧羊犬
- 伯恩山犬
- 卷毛比雄犬
- 德国短毛指示犬
- 拉布拉多寻回犬
- 马尔济斯犬
- 曼彻斯特梗
- 西高地白梗

? 狗狗为什么会这样

狗狗抓人是为了引起注意。你的狗狗可能想要吃东西或被爱抚,也可能是想邀请你玩接取游戏或出去散步。

玩赏犬特别擅长利用自己小巧的身体和迷人的魅力,让人们做它们希望做的事。

抓人意味着你的狗狗认为自己是占有支配地位的那个——它认为自己可以告诉你该做什么。

✓ 你该怎么做

当狗狗抓你的时候,不要做任何回应。相反,要求它"坐"。当狗狗四只脚都站在地上的时候,赞扬它,然后给它一些奖励或者带它出去。

如果你家狗狗想要你的关注,站起身离开,什么都不要讲,也不要看它。当它安静下来,给它一些奖励,顺便赞扬它:"保持安静很乖!"

🩺 兽医笔记

定期给狗狗修剪趾甲,防止它在抓你的时候把你挠伤。每四到六周为狗狗修剪一次指甲,或请专业美容师为狗狗修剪。

行为类型:喜爱 p178、焦虑/压力 p179、寻求关注 p179、专横霸道 p181

91 猛拉牵引带

- 你的狗狗很少被牵出去散步，因为它总是拉扯牵引带，家里没有人可以应付。
- 当你的狗狗看到另一只狗狗或其他动物，它就会用力拉扯牵引带，几乎把你拽倒。
- 你家孩子想要遛狗，却因为狗狗猛拉牵引带被拽倒了。

品种

- 边境牧羊犬
- 吉娃娃
- 大麦町
- 史宾格犬
- 大丹犬
- 拉布拉多寻回犬
- 萨摩犬
- 西伯利亚哈士奇

狗狗为什么会这样

　　狗狗在散步时猛地拉扯牵引带，是因为它们来到户外非常兴奋。它们确实没有想到牵引带另一端的人。它们满脑子想的就是尽快冲到想要去的那个地方。

　　有些狗狗本来被主人牵着悠闲地散步，但当它们看到另一只狗、猫或松鼠从身边跑过去，它们就会用尽全力扑上前去，想要抓住那些动物。它们的力气超大，把带子另一端的人拽得一个趔趄，这是狗狗自身强烈的捕食本能被激发了。

　　缺乏训练的狗狗拉扯牵引带的另一个原因，是它们还没有意识到人类是它们的领导，所以它们想要掌控局势。

　　有时，狗狗没有得到足够锻炼，身体里太多能量被压抑，以至于当它们终于来到户外伸展四肢时，根本无法控制自己。当这些狗狗散步时，它们的大脑已经不会思考，唯一能做的就是：冲！冲！冲！

你该怎么做

　　想要戒掉狗狗猛拉牵引带的习惯，需要做两件事——更多的运动和更多的训练。如果你的狗狗一直被困在家里，那么一想到散步它就会变得疯狂，因此它需要多出去走一走。在带它出去之前，和它玩十分钟左右的扔球游戏。在你系好牵引带出去遛狗之前，把狗狗过于旺盛的精力消耗掉。

　　带狗狗去上服从训练课。服从训练会有效遏制狗狗猛拉牵引带的行为。你的狗狗会学会被牵着时该有怎样适当的行为，并会在散步时时刻刻想着你。通过训练，它会视你为领导者，从而不会试图掌握控制权，拖着你走在街上。相反，它会向你寻求指示，希望你来告诉它该去哪里，用什么样的速度。

 兽医笔记

　　不断猛扯牵引带的狗狗会有损伤气管的危险。体形较小的狗狗特别容易受伤，因为它们的颈部很脆弱。

行为类型：**攻击 p178、焦虑／压力 p179、自信 p180、专横霸道 p181、捕猎 p184**

92 跛行

- 你家惠比特犬为了博得你的注意，假装受伤跛行。一开始，它的左前足一瘸一拐，但是后来它忘了，变成了右前足一瘸一拐。

- 你的意大利灵缇犬来了一个急转弯，因为受伤忍不住发出尖叫。

- 你还以为狗狗一直要跟你握手，直到后来你才发现它的脚垫上扎了一棵大大的狐尾草。

品种

- 俄罗斯猎狼犬
- 吉娃娃
- 腊肠犬
- 大麦町
- 大丹犬
- 爱尔兰猎狼犬
- 意大利灵缇犬
- 拉布拉多寻回犬
- 曼彻斯特梗
- 苏格兰猎鹿犬
- 惠比特犬

❓ 狗狗为什么会这样

狗狗的移动算得上是一种奇迹。它们可以在快速的步伐中做到四条腿相互协调、上下楼梯、跳到自己身高四倍的高度捕捉飞行的物体。但狗狗并不是无法战胜的，它们的四肢可能会因为过度使用、摔倒或绊倒而受伤。

快速生长的幼犬，身体中的骨骼生长板很容易受伤，导致肌肉和肌腱撕裂或骨折，特别是那些四肢比较长的品种。

一些聪明的狗狗发现假装跛行可以获得人们的同情和关注。它们经常会忘记假装受伤的腿是哪条，这时的它们就没那么聪明了。

狗狗的脚会因为踩到毛刺、碎玻璃、岩盐或易划破脚垫的物品而受伤。这些伤会导致狗狗走路一瘸一拐。

背很长的狗，如腊肠犬，以及体形较大的狗狗，如大丹犬、拉布拉多寻回犬等，更容易臀部和肘部发育不良，从而影响它们的活动能力。

✓ 你该怎么做

听从专业的驯犬师建议，在幼犬的生长板形成之前，不要强迫幼犬跳跃或攀爬。敏捷性训练是一项很受欢迎的运动，但负责任的驯犬师是不会让六个月以下的狗狗参加的，因为敏捷性训练要求狗狗快速转弯、在隧道中疾跑、攀爬A型框架、穿梭竖杆、跳过跨栏。

如果你带狗狗徒步穿过树林或在寒冷的冬天散步，要在散步过程中以及散步后仔细检查狗狗的腿、爪子和脚趾间，看它的脚上是否扎有异物。

做一些为狗狗提高后腿力量和柔韧性的练习，特别是如果它是一只体形较大的狗狗或是长背狗。让狗狗用后腿坐起来，摆出"乞求"的姿势，并坚持五到十秒钟。这会增加流向狗狗后腿的血液量，提高它的关节灵活度。

 兽医笔记

如果狗狗出现跛行，不要置之不理，这很可能是肌肉、韧带或肌腱撕裂导致的。狗狗需要进行彻底的身体检查，不仅仅只是检查腿部。兽医会使用X光检查，并开一些镇痛的处方药。

髋关节发育不良、肘关节发育不良、穿刺伤、关节炎、骨膜炎或骨肉瘤是其他可能导致狗跛行的原因。

行为类型：寻求关注 p179、好奇 p181、嬉戏 p183

93 在被窝里睡觉

- 你家腊肠犬在被窝里钻出一条通到你脚下的通道，就像田鼠一样敏捷。
- 你家狗狗不喜欢床罩的感觉，总是钻到床单下打盹。

品种

- 吉娃娃
- 腊肠犬
- 杜宾犬
- 意大利灵缇犬
- 墨西哥无毛犬
- 迷你杜宾犬
- 捕鼠梗
- 维兹拉猎犬

 兽医笔记

关于这种行为，没有具体的医学建议。

❓ 狗狗为什么会这样

床是家里你的气味最强烈的地方，唯一能与之抗衡的地方只有沙发了。喜欢主人的狗狗会特别想亲近它们，尤其是睡觉的时候。能够"拥抱"你，会给黑暗中的狗狗带来满足感和安全感。

有些品种，如墨西哥无毛犬和意大利灵缇犬，毛很少，这些狗狗需要在夜间变冷的时候想方法维持体温。

梗犬是天生的挖掘好手，人们为了捕捉地鼠和兔子而饲养这些犬。在床单下挖通道对它们来说简直轻而易举。

✓ 你该怎么做

放轻松，你的狗狗不会因为钻在床单、毯子或床罩下打盹而窒息。但是为了保证睡眠质量，训练你的狗狗睡在床另一边的床单下面。或者和你的中小型犬一起找个折中的方法，引导它到一张专门为狗狗准备的隧道形床上睡觉，然后把它的床放在你的床上。

行为类型：喜爱 p178、焦虑 / 压力 p179、寻求关注 p179、无聊 p180、嬉戏 p183

94 看电视

- 当一群奔跑的长颈鹿出现在高清电视屏幕上时，你家贵宾犬的视线根本无法移开。
- 虽然广告中的狗狗是平面的，且根本没有气味，但是你家迷你雪纳瑞仍然坚信那只狗狗是真的。

品种

- 秋田犬
- 澳大利亚牧牛犬
- 比格犬
- 边境牧羊犬
- 杜宾犬
- 杰克罗素梗
- 迷你雪纳瑞
- 挪威猎鹿犬
- 贵宾犬
- 萨摩犬
- 西伯利亚哈士奇

兽医笔记

关于这种行为，没有具体的医学建议。

？狗狗为什么会这样

有些狗很好奇，也更能适应新环境。它们注意到人们会盯着那个又大又平的荧幕，因而很好奇到底是什么如此吸引人。专家们认为，狗狗并不能总是分辨出荧幕上的物体，但是对来自电视荧幕上物体的动作、形状以及发出的声音很感兴趣。高清电视屏幕使狗狗更加聚精会神。

具有强烈捕猎本能的狗狗并不关心猎物到底是野地里的兔子，还是汽车广告中栩栩如生的蜥蜴——一旦猎物动了起来，立刻追上去！

✓ 你该怎么做

一些高度兴奋的狗狗会发出一连串的吠叫，更糟的是，它们会发动攻击，扑向或啃咬电视机。这可能会使它们受伤，而对你来说也意味着付出昂贵的代价。

如果你的狗狗打扰你看最喜欢的节目，把它关到另一个房间，并给它一个可以让它保持忙碌的玩具，然后打开收音机，这有助于狗狗屏蔽电视里的声音。

行为类型：焦虑／压力 p179、好奇 p181、支配 p181、捕猎 p184

95 叼来物品

○ 你的狗狗会不断地给你带来礼物，如放在一边的拖鞋或电视遥控器，就像你每天都在过生日一样。

○ 你向狗狗发誓明天一定会带它出去好好散步，但它却将牵引带丢在你的怀里，扭动身体，开始乞求的老一套。

○ 你刚想要表达对狗狗的喜爱，但转头就会发现它将腐烂的鱼丢在你脚边，真恶心。

品种

- 比格犬
- 凯恩梗
- 卡迪根威尔士柯基犬
- 金毛寻回犬
- 拉布拉多寻回犬
- 葡萄牙水犬
- 罗威纳犬
- 喜乐蒂牧羊犬

？ 狗狗为什么会这样

讨主人的欢心是大多数狗狗的本性，它们真心希望你能开心。虽然它们没有车钥匙或信用卡，但它们有自己独特的"购物方式"，那就是将它们认为有价值的东西叼来带给你。

当狗狗感到无聊，想要玩耍或运动时，就会变身成传递东西的狗狗。它们希望通过这种方式吸引你的注意，让你意识到游戏的时间到了。如果狗狗想要出去散步，它们会将牵引带叼给你，并且会在你身边尽办法，让你无论在视线里、气味里、声音里，都无法忽略它们的存在。又或者它们会将滴着口水的网球丢到你怀里，表示投球时间到了。就把这些东西看成是狗狗的货币吧。

某些品种的狗狗，如金毛寻回犬，将鸭子或其他猎物叼给狩猎人的历史十分悠久。它们用嘴叼取猎物时非常轻柔，不会咬坏猎物，甚至不会留下咬痕。即使你的狗从未参加过真正的狩猎，但它的 DNA 中已经保存了这种天性和本领。它只不过是在重复祖先的老路，不过，是用如今最新的方式而已。

✓ 你该怎么做

让狗狗取回你指定的物品可以作为一种训练游戏。训练它听懂特定词汇，当你说这个词语时，它就会去将某种特定物品，如它的红球、它的猴子状吱吱叫玩具，又或者它的牵引带，叼回来。也可以将狗狗最喜欢的玩具藏起来，让狗狗利用嗅觉找到它，并将玩具带回来。当狗狗把你要求的东西带回来给你时，你会看到狗狗眼里闪着兴奋的光芒，它也会凭此建立自信。

做一个整洁的家庭管理者，将那些高诱惑的物品，如电视遥控器、拖鞋或其他你不想沾上狗狗口水、印上狗狗齿印的东西收起来，确保狗狗爪子够不到。

在牵狗狗出去散步之前，命令它"坐"或者让它执行一些其他命令。狗狗需要视你为慈爱的领导者和负责人。

 兽医笔记

如果你的爱犬叼过有毒的植物、装有液态化学物品的瓶子或其他有害物质，那可能需要兽医对它进行催吐，并进行皮下注射解毒药物。

行为类型：喜爱 p178、寻求关注 p179、自信 p180、专横霸道 p181、高兴 p182、嬉戏 p183

96 乞讨食物

○ 狗狗一直用它那双棕色的眼睛乞求地望着你，你终于败下阵来，让它在餐桌前坐下来。

○ 你的狗狗走路时有些步履蹒跚，它真是吃得太多了。

○ 你的狗狗看着食盘里干巴巴的狗粮，打了个哈欠，它想要在晚餐时间到厨房帮你的忙。

品种

- 斗牛獒
- 史宾格犬
- 平毛寻回犬
- 德国牧羊犬
- 金毛寻回犬
- 拉布拉多寻回犬
- 苏格兰梗
- 标准贵宾犬
- 西高地白梗

❓ 狗狗为什么会这样

当我们的祖先驯养狗时，这些时刻保持警惕的动物因为有可靠的食物来源迅速成为人类的伙伴。狗狗是群居动物，而且行为遵循社会等级。高等级的狗狗总是在低等级狗狗之前用餐。

大多数狗狗都是天生的贪吃者，它们从来不会错过哪怕几秒钟的机会或者更好的食物——人类的食物。熏肉、烤牛肉、炒蛋和三文鱼让狗狗们垂涎欲滴，因为它们富含蛋白质和诱人的香味。坦率地说，有些干巴巴的狗粮对狗狗来说真的既无趣又无味。

人与宠物之间有一种强大的食物联系。我们喜欢用食物来奖励表现良好的狗狗。我们偷偷地从盘子里拿出一块食物给它们吃，不知不觉间，坏习惯就养成了。如果不加以控制，这种行为可能升级，人们会沦为狗狗的食物发放机。有些狗狗开始用爪子抓你，甚至对你咆哮，让你把盘子里的食物递过去——这是一种支配行为。

✅ 你该怎么做

如果你想让你的狗狗长寿并健康地成长，并且不想在兽医诊所花费太多，那一定要及时制止狗狗向你乞讨食物的行为。每天给你的狗狗喂两到三顿，并仔细算好每一餐的分量，这样你就不会把狗狗喂得太饱。

当你吃饭的时候，在另一个可以关上门的房间喂狗狗。这样在你用餐的时候，旁边就不会一直有双乞求的眼睛盯着你，也不会听到狗狗轻柔的呜咽。

如果你想从自己盘子里分些食物给狗狗，那最好等到你用餐完毕。留下一块肉，挑去肥肉和软骨。让狗狗坐好并等待，展示它的餐桌礼仪。将肉放进它的碗里，让它注意执行你的指令"别碰"，等你说"好，可以"的时候它才能吃。

🩺 兽医笔记

咨询兽医，选择一款最适合狗狗年龄、活动水平、品种和健康状况的优质狗粮。

不幸的是，超过三分之一的狗狗体重超重，甚至有肥胖问题。这些多余的体重使得狗狗面临一系列健康问题，包括糖尿病、关节炎、心脏病、髋关节发育不良、胰腺炎等。

行为类型：寻求关注 p179、专横霸道 p181、捕猎 p184

97 敏感的脚趾

- 当你检查狗狗脚趾之间是否有异物时，你的西施犬猛地咬了你一口。
- 你的狗狗必须要让兽医修剪趾甲，因为它需要用镇静剂。
- 如果你在爱抚狗狗时碰到它的脚，你的狗狗会立刻把脚挪开。

品种

- 澳大利亚牧牛犬
- 波士顿梗
- 斗牛梗
- 大麦町
- 蝴蝶犬
- 彭布罗克威尔士柯基犬
- 西施犬

狗狗为什么会这样

和人类一样，狗狗对身体的某些部位会更注重保护。狗狗的脚就是这些敏感部位之一，很多狗狗都不愿脚被触碰。

如果狗狗不想让你碰它的脚，它会咬你、咆哮或者把自己的脚挪开。这些举动都明确地传达了一个信息："我的脚是禁区，别动它们。"

如果狗狗的趾甲剪得太短，它会认为碰触脚使它疼痛。如果狗狗的趾甲剪得太靠近指甲下的肉，会引起脚趾流血，并让狗狗很不舒服。

有些狗狗天生就对碰触爪子很敏感，这可能是因为它们小时候从来没有被人摸过脚。虽然狗狗身体的大部分部位在爱抚过程中都被触摸过，但脚可能被严重忽视了。

 兽医笔记

你的狗狗需要定期修剪趾甲，以保持爪子和腿的健康。

如果狗狗不让你碰触爪子，使你很难为它修剪趾甲，那么跟兽医谈谈。在你的狗狗学会容忍脚被碰触以前，修剪趾甲时都需要使用镇静剂。

你该怎么做

你的狗狗以前是不是有过脚被碰触而导致的负面经历，还是它只是不习惯脚被碰触？你可以解决这个问题，用食物奖励将碰触脚部和积极的事情联系在一起。

不管什么时候你触碰狗狗的脚，都给它一些健康的食物作为奖励。当你抚摸它身体的时候，也让它享受同样的奖励，这样狗狗就能把食物和碰触爪子联系起来。这种方法对治疗小心翼翼的狗狗非常有效。但是，如果狗狗在你伸手去碰它的脚时试图咬你，就不能用这种方法了。你可能需要从专业驯犬师那里获得帮助。

在狗狗小的时候，一定要经常触摸幼犬的脚，以帮助狗狗适应这种感觉。有了足够的触摸，它就会接受脚被碰触，这会使修剪狗狗趾甲变得容易。

如果狗狗有深色的趾甲，那你可能需要专业宠物美容师的帮助，避免割伤趾甲下的肉，导致趾甲出血。

行为类型：焦虑 / 压力 p179、害怕 p182

98 拒绝吃碗里的食物

- 你将干狗粮和罐头一起倒入狗狗的食盘里，然而狗狗只是茫然地看着食盘，一口也不吃。
- 你家那只十分讲究的迷你雪纳瑞不喜欢让自己的胡子沾上湿答答的狗粮。
- 你的北京犬食欲一直都很好，但是现在却对装满食物的食盘视而不见，走了过去。
- 你发现自己正四肢着地，假装成狗狗吃东西，希望能激起狗狗的食欲。

品种

- 该行为不限于特定品种。

狗狗为什么会这样

狗狗日常生活的改变，如搬新家、增加新的家庭宠物或狗狗喜欢的家庭成员离开，都会导致狗狗精神紧张、食欲减退。

有些狗狗知道人类的食物比它们的狗粮或罐头好吃，并且会非常有技巧地操纵主人从他们的盘子里分一些鸡肉、胡萝卜和其他食物来喂自己。这些狗狗使主人产生愧疚感，从而利用这种愧疚感来满足自己的愿望。

狗狗可能会对某些食物过敏，比如羊肉或小麦，因此会本能地避免吃这些食物。

还有些狗狗不吃碗里的东西，是因为它们不喜欢碗的气味。特别是塑料碗，它会产生细菌和其他难闻的气味。

你该怎么做

为那些没有任何健康问题的挑食狗狗设定一个吃饭的时间限制。把食盘放下，十五分钟后就拿走。经过几次这样的训练后，你的狗狗就会明白你不会一天二十四小时供应餐食。

试着把狗狗的食物放在更大的碗里、盘子里或者餐具垫上。有些狗狗不喜欢吃饭时挤压到胡须，或者喜欢进餐时每次只吃一点儿狗粮。

用一个有防滑碗底的不锈钢碗替换塑料碗。养成习惯，用热水和洗洁剂清洗狗狗餐具，再用清水彻底漂洗，以减少细菌污染。

如果你的狗狗因为手术或其他情况没有食欲，给它准备一份清淡的饮食，包括米饭和煮熟的鸡肉，直到它完全康复。

 兽医笔记

狗狗需要营养来维持健康，不可以几天不进食。食欲不振可能是一系列疾病的信号。

拒绝进食也可能因为狗狗有牙齿问题，如牙齿断裂或牙龈炎，进食可能会造成它的疼痛。狗狗应该定期接受兽医的牙齿清洁，以防止牙垢堆积，并使它们的牙龈保持健康的泡泡糖般的粉红色。

不均衡的饮食会导致狗狗皮毛不佳、肌肉张力丧失以及器官受损。咨询你的兽医，一起为狗狗选择合适的、营养全面的狗粮。

行为类型：焦虑／压力 p179、寻求关注 p179、无聊 p180、悲伤 p184

99 偷东西

- 你发现狗狗叼着你放在洗衣篮里的脏袜子走来走去。
- 你把烤肉从冰箱里拿出来化冻，结果被狗狗偷吃了。
- 你每天晚上都要花二十分钟追你的狗狗，从它的嘴里把拖鞋夺回来。
- 你的女儿已经整整一周都找不到她的毛绒玩具了。

❓ 狗狗为什么会这样

当狗狗偷东西时，它会有各种理由想占有这个东西。它可能把这个东西看作玩具，想玩它。衣服、鞋子和孩子们的玩具是犬类小偷最喜欢的东西。狗狗喜欢啃咬、撕扯这些东西，或者只是扔来扔去地玩。

当狗狗拿走不属于它的东西时，它并不认为自己在偷东西。它只是看到了自己想要的东西，然后就去拿了而已。

如果狗狗偷的是食物，那么它的动机是显而易见的。尽管它被喂饱了，但狗狗仍然有吃人类食物的冲动。一旦它有了这样的欲望，它就会试图拿走你放在柜子或桌子上的闻起来很香并且它还能够得着的任何东西。

有些狗狗偷东西，是因为它们渴望得到你的关注。它们会拿走一些东西让你去追赶它们。这些狗狗知道什么对你来说是重要的，它们会在合适的时机拿走这些物品，让你看到它们在做什么。它们最大的希望就是你在它们后面穷追不舍。

- 切萨皮克海湾寻回犬
- 波尔多獒
- 德国牧羊犬
- 金毛寻回犬
- 蝴蝶犬
- 约克夏梗

✔ 你该怎么做

如果你的狗狗喜欢偷玩具，最好给它提供一些它自己的东西，让它啃咬。在狗狗养成只玩自己的东西这种习惯前，把要洗的衣服、鞋子和儿童玩具放在它够不着的地方。

如果狗狗偷食物，那么你要保持警惕，把食物放在它够不到的地方。

如果它想要你追它，不要让它认为偷东西是一种游戏。相反，让它把东西带回来，用一些食物来换取它偷的东西。不过狗狗不会偷拖鞋，最终它会把拖鞋给你送回来。

 兽医笔记

如果你的狗狗长期偷窃食物，请咨询兽医，给狗狗更换一份让它更满意的餐食。

如果你的狗狗吞下不能吃的东西，很可能会导致肠梗阻，需要手术治疗。

行为类型：焦虑 / 压力 p179、寻求关注 p179、嬉戏 p183

100 衔取东西

- 你的边境牧羊犬真的太快了，似乎只用了两秒钟，它就已经准备好，等你再次把飞盘扔出去。
- 你顽皮的凯恩梗用鼻子把网球推到躺椅下，然后向你吠叫，要你取回来。只要你一放松，它又把球推到下面。
- 暴风雪过后，你带着你的拉布拉多寻回犬去了好久没去的狗狗公园，你觉得你们终于可以一起散步了，它却把头伸进雪堆，掏出一个冰冻的网球，然后坚持让你玩接取游戏。

狗狗为什么会这样

对狗狗来说，追逐球、棍棒或其他玩具与追逐兔子、其他小猎物没有多大区别。狗狗的祖先最初是依靠捕食猎物生存的。追逐给它们带来了奖品——食物和饱腹感。现代的狗狗虽然不需要追逐就能得到食物，但追逐和捕捉猎物的本能仍然根深蒂固，尤其是那些猎犬品种。像阿富汗猎犬这样温和的狗狗就不会对接取游戏特别迷恋。

用一种新的视角观察一下狗狗最喜欢的网球。当上面满是口水，而且变得有点松软时，那质地和感觉是不是就像一只被金毛寻回犬扑落的鸭子？

接取游戏是狗狗消耗多余能量并保持健康的好方法。

- 边境牧羊犬
- 凯恩梗
- 金毛寻回犬
- 拉布拉多寻回犬
- 新斯科舍猎鸭寻回犬
- 彭布罗克威尔士柯基犬
- 葡萄牙水犬
- 喜乐蒂牧羊犬
- 惠比特犬

你该怎么做

如果你的狗狗喜欢追逐和捡取玩具的游戏，但它并不总是把玩具带回来给你，是时候用调包策略来对付它了。给你的狗狗展示它的普通玩具，让它兴奋起来。把玩具扔出去，当狗狗捡起玩具时，给它看一个它更喜欢的玩具。假装你要把这个它最喜欢的玩具扔向相反的方向。这时狗狗就会放下第一个玩具跑向你来追逐第二个玩具。当狗狗这么做的时候，拿起第一个玩具，重复以上步骤。在狗狗没反应过来之前，它会一直把取回来的玩具送到你身边。成功！

教给狗狗一些指令，如"拿过来""给我"和"放下"等，让游戏变得更高级。当你的狗不小心捡到你的药片或巧克力饼干时，这些指令迟早会派上用场。执行"放下"的指令可以让狗狗少生病。

保持你的控制权。由你决定开始和结束接取游戏的时间，不要让狗狗变得专横或痴迷。

 兽医笔记

关于这种行为，没有具体的医学建议。

行为类型：寻求关注 p179、无聊 p180、自信 p180、支配 p181、强迫症 p183、嬉戏 p183

喜爱

攻击

狗狗会用很多不同方式向喜爱的人表达爱意和欣赏。狗狗喜欢使用的展现爱意的常见行为包括：尾随；舔你的脸或手；放松地左右摇摆尾巴或弯曲着尾巴有节奏地摇摆；翻身露出肚皮，这表示信任或请求你给它做一个腹部按摩；把头伸进你怀里；用身体蹭你的腿；发出欢快的尖叫；给你它最喜欢的玩具或其他物品，比如你的鞋子；用鼻子轻轻拱你的手；在你面前用后腿站立；用轻松的、咧开嘴的笑容迎接你。

狗狗喜欢其他狗狗时，会有以下表现：分享玩具；躺在同一张床上睡觉；互相梳理毛发，特别是互相清洁耳朵。在互相问候时，喜爱对方的狗狗会跳起来互相碰触前爪，此时它们的身体是放松的，不是紧绷的。

这个词涵盖了以下范围——从微妙的面部表情到身体姿势，再到真实或潜在的冲突中，对另一只狗狗、人或动物厉声吠叫并发动身体攻击。一只好斗的狗狗会表现出以下部分或全部特征：强烈而持久的凝视；紧绷的身体；耳朵向前或向后定住；张开嘴唇露出牙齿，龇牙低吼；愤怒地咆哮或大声吠叫；后背和肩膀上的毛（或脖子上的毛）竖起；尾巴竖立；身体前倾。

狗狗的攻击行为与以下因素有关：恐惧，领地意识，保护食物和其他资源，自卫防御，药物原因，疾病或伤口引起的疼痛，母性行为（雌性犬会保护它的幼崽），模仿，重新寄养，捕猎本能，经过训练（警犬），先天性（原因不明）。狗狗之间的玩耍如果没控制好，尤其是幼犬之间的玩耍，会升级为攻击性行为，可能引起撕咬和身体撞击。因为害怕而发起攻击的狗狗比强势的狗更容易咬人。

焦虑／压力

有些狗狗面对新出现的人、狗或新环境，缺乏调节适应的能力，因此，它们会变得沮丧、害怕和困惑。狗狗焦虑或有压力时的表现包括：舔嘴唇，蜷缩在主人身后，过度脱毛，拒绝游戏或不吃东西，避免眼神接触，脚垫出汗，颤抖，频繁眨眼，瞳孔放大，喘气，呜咽，哼哼，踱步，抓挠自己，打哈欠，黏人。狗狗的耳朵会向后并紧贴颈部，目光呆滞无生气，夹紧尾巴。有些压力大的狗狗还会吓得排尿。在试图让自己平静下来的过程中，狗狗会像抖掉水一样抖动身体，尽管它身上是干的。

不要试图用温柔可亲或像对宝宝一样的口吻安慰狗狗，这些声音只会使狗感到更加焦虑和紧张。对于极度焦虑的狗狗，需要同时使用镇静药物和行为矫正术。

寻求关注

有些狗狗想要你达成它们的愿望时，并不羞于表达，它们会做各种各样的事来吸引你的注意。它们会"汪汪汪"地叫个不停，发出呜呜声，用爪了抓你，或者把玩具扔到你怀里。尽管狗狗不会说话，但它们明确表示希望你现在就关注它们！狗狗还会用其他行为来博得你的关注：偷走你的袜子并跑到另一个房间；扯你的运动衫或裤腿；在你讲电话时吠叫；咬你的手；舔你；在你面前撕坏毛绒玩具并掏出填充物；在极端情况下，在地板上小便或排便。

如果你立即满足狗狗的要求，它就会利用这种操控行为来达到自己的目的，并迫使你听从它的意愿。当你的狗狗还是幼犬时，那些寻求关注的可笑举动会显得很可爱，但如果处理不当，这些行为就会升级为惹人讨厌的破坏性行为。

无聊

狗狗认为"dog"中的"d"就是"doing（做事）"。如果它们的精神或身体没有得到足够的锻炼，它们就会用一些破坏性或让人讨厌的行为来表达自己的无聊。这是它们对无聊日常表达恼怒的一种方式。想象一下，如果要你每天都待在一个房间里，没有电视，没有电脑，也没有其他有趣的小玩意，或者要你每天吃同样的东西，做同样的散步运动——在相同的时间，持续时间也一样，你也会觉得很无聊。

狗狗会通过下面这些行为表达自己对无聊日子的不满：狂吠，在院子里或花园里挖洞，撕卫生纸，撕咬窗帘等。每天都带狗狗锻炼并陪它玩游戏，给狗狗一个塞了狗粮或奶酪的硬橡胶玩具是一个让它保持忙碌的好办法。

自信

自信的狗狗是自我肯定的，它对周围的环境感到安全和满意。它们会站得很挺拔，坐着的时候头高昂着；它们眼神明亮，表情直率不紧张；它们的耳朵竖起，嘴巴放松且微微张开；它们的尾巴会轻轻摆动或放在一个很放松的位置；躺着的时候，它们的身体很放松，它们会挑选房间中央的位置，而不是角落；走路的时候，它们的步伐坚定、欢快，似乎在说："嘿，看我！"

自信的狗狗很容易适应新的环境、接受陌生的新声音。而且，当它们把主人当作和善的领导时，这些狗狗的表现最好。当自信的狗狗察觉到其他狗狗对自己有威胁动作时，不会感到恐惧或畏缩。

好奇

好奇的狗狗天生具有超强的视觉、听觉、嗅觉和味觉能力，它们可以利用自己所有的感官来观察周围的环境——并不是只有猫咪才有这种好奇的行为。人可能会闻到烤箱里烤肉的味道，但好奇的狗狗可以根据空气中的味道推断出烹饪中的各种原料。它们竖起或转动耳朵去捕捉新奇的声音，当有狗狗出现在你的高清电视上时，它们会集中注意力。

你会看到它们的尾巴竖起，也可能来回摆动。好奇的狗狗站着的时候，身体前倾，重心在前爪上。它们的嘴通常紧闭着或轻微张开，但牙齿不会露出来。这些狗狗会非常关注吸引它们注意力的东西，但它们不会瞪着眼睛盯着。

专横霸道

专横和一意孤行是狗狗支配性行为的主要特征。支配性行为介于自信和攻击性行为之间。一只占据支配地位的狗狗会认为自己是地位最高的狗狗，因此，它会表现得特别外向和自信，很少为自己的行为道歉或表现出任何畏惧。上一分钟你还会认为这样的狗狗很有魅力，但是下一分钟它就冲到一只顺从的狗狗面前，阴森地逼近，发出吠叫，似乎在说"我说了算"，这让你心烦不已。

狗狗典型的支配性动作包括：耳朵向上竖起或向前倾，嘴巴紧闭或轻微张开，眼睛睁得大大的，尾巴坚硬地竖起，皱着鼻子，高昂地站着，通常还伴随低声咆哮。那些缺乏适当的服从训练和社交化技能以及认为主人缺乏领导能力的狗狗，通常会表现出支配性霸道行为。如果狗狗的支配行为没有得到抑制，便会发展成为更危险的状态——支配性攻击。

害怕

高兴

由于受到惊吓和缺乏自信，害怕的狗狗常常采取防御自卫的姿势。它们的耳朵向后倾，瞳孔放大，皱着鼻子；它们将身体放得很低，好像随时准备逃走；它们的尾巴低垂或夹在后腿之间；它们的嘴巴会颤抖，甚至可能会流口水；它们要么眯着眼睛，避免视线接触，要么露出眼白。仔细观察，你会发现这些狗狗通常把重心放在后腿上。它们会表现出一种痛苦的表情，就像嘴的两侧被向后拉一样。

无论它们面对的是什么，害怕的狗狗会定在原地或者拼命寻找逃跑的路线。处于恐惧中的狗狗，可能会对抚摸行为做出过激反应。它们可能会咬爱抚的人，因为它们误以为你侵入了它们的安全地带。

噢，像一只高兴的小狗一样充满喜悦！高兴的狗狗口鼻放松，嘴巴微微张开，似乎露出笑脸；它们眼神活泼，眼睛睁得大大的；它们全身都在摇摆或呈现经典的"C"形曲线——通常是靠在你的腿上，快乐的狗会把躯干弯曲成"C"这个字母的形状；快乐的狗狗尾巴向上竖起或向外伸出，欢快地做圆弧形摆动。大多数高兴的狗狗会发出快乐的尖叫——短促、音调很高的叫声，或发出一些好像唱歌的声音。原因尚不明确，有些狗狗，尤其是幼犬，在高兴的时候会打喷嚏。

强迫症

嬉戏

快速旋转或追逐自己的尾巴，疯狂地走来走去或转圈圈，追逐灯光或影子，强烈而有节奏地吠叫，快速摆头，过度舔身上某处导致斑秃，还有攻击无生命物体（如食盘），这些没有办法用逻辑解释的行为都是狗狗强迫症（OCD）的例子。这些异常行为可能会升级到对狗狗或其他人和动物造成潜在伤害的程度。不幸的是，强迫症的狗狗似乎自己找不到"关闭"的开关来阻止这些行为。

强迫症不仅仅是行为问题，还是一种神经疾病，需要药物治疗和适当的行为矫正术来纠正。强迫症的诱因包括无法处理压力或冲突，或家庭生活发生了改变，如增加了新的宠物或搬家。

人们会通过发送电子邮件或请柬，邀请朋友来参加派对。狗狗们不需要电脑键盘或邮票就能表达它们想要参加狗狗派对的讯息。它们会"啪"地来一个邀玩鞠躬，屁股高高向上撅着，嘴巴张开，舌头伸出来；它们的前腿趴在地上，并向前伸展；它们还会快速地喘气，来表达自己的活泼快乐；或者跑向你，用一个大大的笑容和欢快的尾巴摆动来欢迎你。

狗狗想和犬类伙伴玩耍时，不仅仅会用邀玩鞠躬，还会发出高声吠叫和咆哮。有些品种的狗狗甚至还会进行友好的身体撞击，但你会注意到它们的身体放松而不紧张。适当地与人和其他狗狗一起玩耍可以帮助狗狗学习良好的社交礼仪，并为它们提供一条释放压抑精力的合适途径。

捕猎

悲伤

　　所有狗狗在某种程度上都有捕猎冲动，一旦受到强烈刺激，如快速逃跑的松鼠或猫，就会引发这种冲动。面对快速移动的小动物，狗狗是选择追逐还是无视，取决于狗狗的基因和所受的训练。人类已经通过基因筛选改造了一些狗狗的品种，使其用来放牧、嗅探寻找隐藏物，如鹌鹑，或穿过泥土隧道抓住松鼠。

　　狗狗的捕猎性行为包括：跟踪、凝视、默默追踪小动物，或追逐快速移动的无生命物体，如汽车或滑板。捕猎中的狗狗耳朵向上竖起或向前倾、眼睛睁得大大的，眼神保持警惕，身体紧张，向下蹲伏，随时准备向前扑去，尾巴通常直直地伸出。在追逐猎物之前狗狗几乎不会发出声音，避免引起猎物的警觉。

　　因为失去喜爱的人或其他犬类伙伴，狗狗会感到沮丧和悲伤。生活方式的改变也会让狗狗情绪低落，如搬了新家或喜欢的家人离开家去上大学。狗狗是群居动物，它们会建立起友谊的纽带，对我们的感情也会产生共鸣。

　　狗狗表现悲伤的行为包括：花更多时间睡觉；对各种活动失去兴趣，如散步或接取游戏；食欲下降；用安静的眼神望着你，并把头放在爪子上；没有缘由的体重下降。令人惊讶的是，最新的研究表明，随着秋天结束，冬天到来，阳光越来越少，有些狗狗会患有季节性情感障碍（SAD）。如果狗狗陷入严重、长期的悲伤情绪，可以让兽医开些药物来提升它的情绪。

性

顺从

狗狗的繁殖冲动很强烈，因为这对物种的生存至关重要。五周大小的雄性幼犬就会骑在它同一窝出生的幼崽身上，进行性游戏。未阉割的雄性犬对交配始终保持兴趣，但没有绝育的雌性犬的交配冲动往往是季节性的，取决于它们何时发情。

恋爱期的狗狗会依偎在一起，相互摩擦对方下巴，并排行走，一起奔跑。它们还会把头靠在一起。

在交配前，雄性犬会舔雌性犬的生殖器，赶走其他雄性追求者，它也可能被雌性拒绝。雄性犬会骑到雌性犬身上，它的阴茎会胀大、勃起。阴茎一旦进入阴道，就建立交配关系。令人惊讶的是，在这种情形下，这对情侣能够抵挡住其他追求者。交配后，这对爱侣会互相舔舐并梳理皮毛，然后重复交配行为。

当遇到强势、攻击性强的狗狗或高大、有压迫感的人时，顺从的狗狗会用全身来表达自己是友好的，绝对不会构成威胁。耳朵耷拉着，贴在头上，眼睛眯着，避免视线直接接触，这都表示狗狗处于屈从姿态。它可能会用鼻子蹭或用舌头舔另一只狗狗的口鼻区或人的脸，以示自己的顺从和尊重。

某些顺从的狗狗会抬起前爪——这在狗狗世界里很可能表示举起投降的白旗。有些狗狗会躺下来，露出肚皮。还有些狗狗会不断前后转换自己的重心。极端顺从的狗狗会在对抗过程中排出一点儿尿液。它们的尾巴通常被夹在下面。如果它们发出声音的话，也只会是柔弱的啜泣或呜咽。

狗狗品种
索引

致谢

作者雅顿·摩尔在此向自己的朋友——育犬专家奥黛丽·帕维亚、妹妹黛布拉·摩尔表示感谢，当然还有家里两只酷酷的狗狗成员——奇珀和克里奥。这是她的第二十四本宠物书籍，感谢他们在本书写作中提供的支持和帮助。

出版社要向迪奥尼·菲福德和雅典娜商会表示感谢，感谢他们对本书的出版作出的贡献。

注意：在为你的爱犬治疗之前，一定要咨询兽医。本书"兽医笔记"中的建议在本质上是通用的，但由于每只狗狗都是不同的个体，出于各种原因，它们可能会表现出本书中没有提到的行为，因此需要用其他治疗方法或补充治疗。此外，"品种"部分所列出的狗狗品种，是一些最常见的有该行为表现的品种，但并不是详尽的。

图片出处说明

b= 底部 , l = 左 , r = 右 , t = 顶部

AL = Alamy
BS = Bigstock
CB = Corbis
DT = Dreamstime

GI = Getty Images
IS = iStockphoto
SH = Shutterstock
TS = Thinkstock

1 SH; 2 SH; 5 SH; 6 - 7 DT; 8 DT; 10 - 11 DT; 12 TS; 14 IS; 16 AL; 18 DT; 19 IS; 20 CB; 22 SH; 24 AL; 26 BS; 28 IS; 30 GI; 32 GI; 33 IS; 34 TS; 36 SH; 38 GI; 39 IS; 40 IS; 42 CB; 44 IS; 46 BS; 47 CB; 48 SH; 50 BS; 51 SH; 52 SH; 54 SH; 56 DT; 58 IS; 60 BS; 61 BS; 62 IS; 64 DT; 66 BS; 68 IS; 70 IS; 72 IS; 74 IS; 76 SH; 78 GI; 80 IS; 82 DT; 84 AL; 86 AL; 88 GI; 90 IS; 92 BS; 94 AL; 96 IS; 98 IS; 100 IS; 102 GI; 104 SH; 105 IS; 106 SH; 108 GI; 110 SH; 111 IS; 112 GI; 114 DT; 115 IS; 116 DT; 118 BS; 119 DT; 120 CB; 122 SH; 124 IS; 126 SH; 128 DT; 130 GI; 131 GI; 132 AL, 133 AL; 134 BS; 135 AL; 136 TS; 138 SH; 140 GI; 142 AL; 144 AL; 146 GI; 148 AL; 149 AL; 150 SH; 152 GI; 154 AL; 156 CB; 157 GI; 158 GI; 159 BS; 160 CB; 162 SH; 164 GI; 165 GI; 166 IS; 168 GI; 170 GI; 172 BS; 174 TS; 176 IS; 178l TS; 178r SH; 179l TS; 179r IS; 180l IS; 180r BS; 181l SH; 181r IS; 182l IS; 182r SH; 183l SH; 183r SH; 184l IS; 184r SH; 185l GI; 185r SH; 186b SH; 186t GI; 187 DT; 188b DT; 188t IS; 189 DT; 190 SH.